DIRK PAPENDIECK
SIEGFRIED GROHMANN
PETER WESTPHAL-NAGEL

GRAFCET

NACH DIN EN 60848

UMSETZEN MIT

S7-GRAPH

(TIA-PORTAL)

Unterstützung bei der
konkreten Programmierung
eines S7-GRAPH-Programms

3. Auflage 2022

ISBN 978-3-96901-031-0

www.epv-verlag.de

Bibliografische Information der Deutschen Bibliothek:
Die Deutsche Bibliothek verzeichnet diese Publikation in der Deutschen Nationalbibliografie; detaillierte bibliografische Daten sind im Internet über **http://dnb.ddb.de** abrufbar.

ISBN 978-3-96901-031-0

3. Auflage 2022

EPV Elektronik-Praktiker-Verlagsgesellschaft mbH
Obertorstraße 33 · 37115 Duderstadt

Email: info@epv-verlag.de
Web: www.epv-verlag.de

Hinweise zur Simatic-Software als Unterrichts- bzw. Lerngegenstand:

Für die Simatic-Software gibt es über die Laufzeit von 365 Tagen Studenten-Lizenzen. Ist in einer Bildungseinrichtung die Simatic-Software Gegenstand des Unterrichts, haben die teilnehmenden Lernenden die Möglichkeit, über ihre Bildungseinrichtung meist gegen einen geringen Kostenbeitrag Studenten-Lizenzen zu erwerben.

Für **»STEP 7 Professional, PLCSIM, Safety und WinCC Advanced und WinCC Unified TRIAL V16«** im Totally Integrated Automation Portal (TIA-Portal) gibt es einen Download unter:

► **https://support.industry.siemens.com/cs/ww/de/view/109772803**

Für **»WinCC Advanced Runtime TRIAL V16«** im Totally Integrated Automation Portal (TIA-Portal) gibt es einen Download unter:

► **https://support.industry.siemens.com/cs/ww/de/view/109772878**

Folgende Betriebssysteme unterstützen die Trial/DEMO SW:
Windows 10 (64-bit) Professional, Enterprise Version 1903

Weitere Informationen zum TIA-Portal finden Sie unter:

► **https://support.industry.siemens.com/cs/ww/de/view/65601780**

Weitere Informationen zu Siemens Automation Cooperates with Education erhalten Sie im Internet unter:

► **https://www.siemens.de/sce**

Vorwort

Automatisierte Steuerungen sind im gesellschaftlichen und im beruflichen Umfeld alltäglich wahrnehmbar. Ampelanlagen im Straßenverkehr sowie vollautomatisierte Fertigungsprozesse sind nur zwei exemplarische Beispiele, deren Abläufe oft durch aufeinander folgende Schritte bestimmt sind. Daher werden sie oft auch als „Schrittketten“ bezeichnet.

GRAFCET ist eine technologieunabhängige Spezifikationssprache zur Planung und Beschreibung von Ablaufsteuerungen. In der Norm EN 60848 ist der Umfang von GRAFCET (**GRA**phe Fonctionnel de **C**ommande **E**tapes / **T**ransitions) für die Darstellung von Steuerungsfunktionen mit Schritten und Weiterschaltbedingungen festgelegt.

Mit GRAFCET geplante Ablaufsteuerungen können mit unterschiedlichen Programmiersprachen wie mit der **Funktionsbausteinsprache**, mit dem **strukturierten Text** oder mit **grafischen Ablaufsprachen** realisiert werden. Im **TIA-Portal** der Fa. Siemens wird dem Programmierer die grafische Programmiersprache **S7-GRAPH** als SPS-Ablaufsprache angeboten.

In der beruflichen Aus- und Weiterbildung gewinnt GRAFCET zunehmend an Bedeutung. In den Berufen der Metall- und Elektroindustrie, wie z. B. bei den Automatisierungstechnikern und den Mechatronikern, müssen die mit GRAFCET dargestellten Abläufe ergänzt, modifiziert und mit einem PLC-Programm umgesetzt werden.

Diese Fibel **GRAFCET nach DIN EN 60848 umsetzen mit S7-Graph (TIA-Portal)** soll dem Anwender helfen, einen in GRAFCET dargestellten Steuerungsablauf mit einem **S7-Graph** Programm umzusetzen.

Schleswig-Holstein im Februar 2022

Peter Westphal-Nagel, Dirk Papendieck und Siegfried Grohmann

Inhaltsverzeichnis

Elemente von GRAFCET

Schritte / Startschritt / Initialschritt

- Startschritt: Doppelter Rahmen
- alle anderen Schritte: einfacher Rahmen
- Schrittvariable: X1

Transition / Weiterschaltbedingung, Zustands-Abfrage

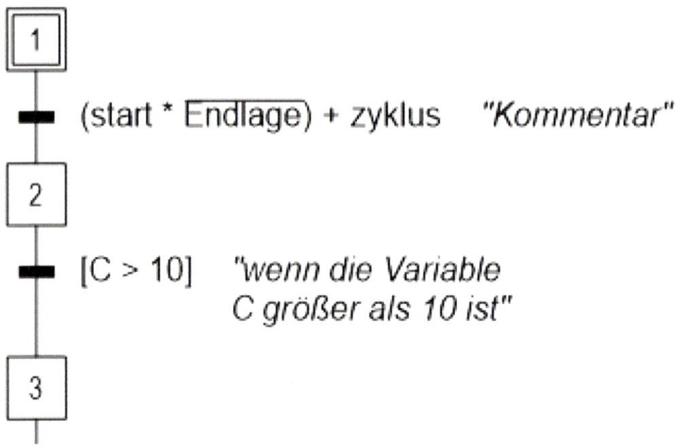

- steht rechts vom Querstrich
- in Boolescher Algebra:
    - \+ = ODER
    - * = UND
    - Negation = Strich über der Variablen
    - Es gilt zwar ***** vor **+**, aber man sollte Klammern setzen, um die Logik eindeutig darzustellen.
- Vergleicher oder andere "Aussagen" werden in eckigen Klammern geschrieben, z. B.:[C > 10]
- Kommentare immer in Anführungszeichen schreiben.

Elemente von S7-GRAPH

Schritte / Startschritt / Initialschritt

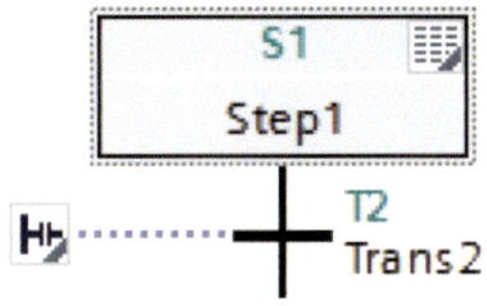

- Initialschritt: Doppelter Rahmen
- alle anderen Schritte: einfacher Rahmen
- Schrittvariable: Step1 (Vorgabe)

Transition / Weiterschaltbedingung, Zustands-Abfrage

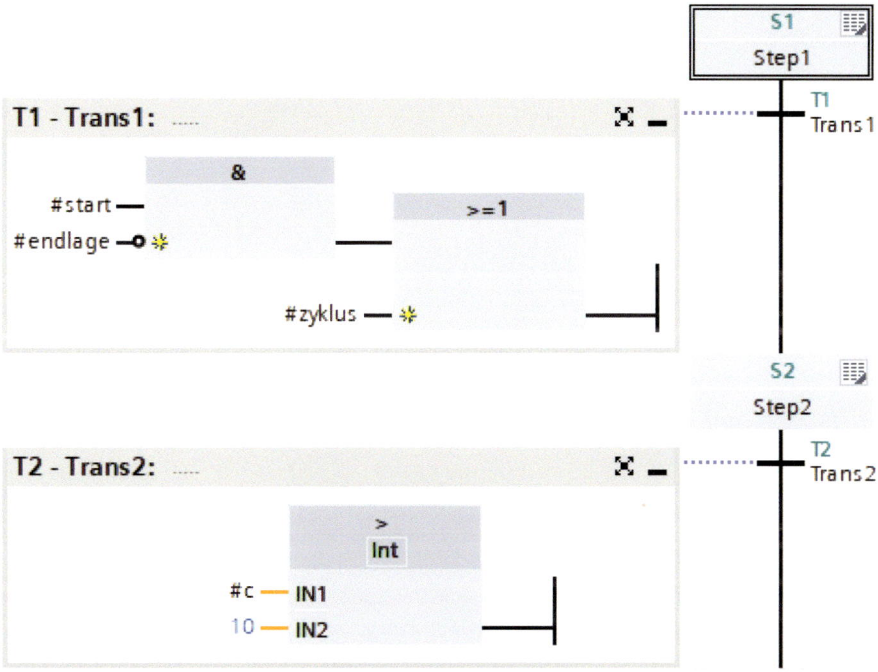

Die Transition

- steht links vom Querstrich
- wird in FUP oder KOP dargestellt

Transition / Weiterschaltbedingung, zeitgesteuert

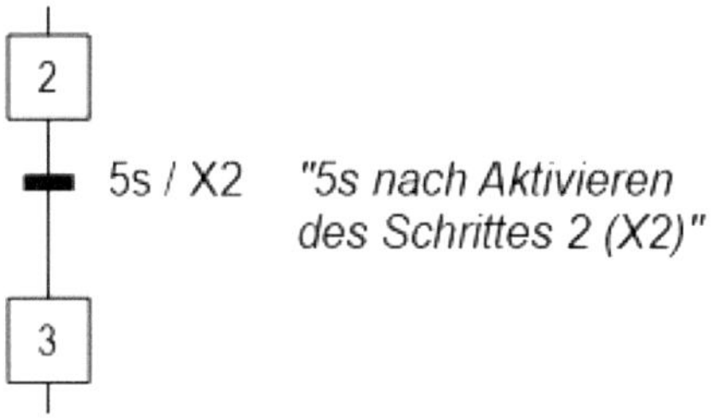

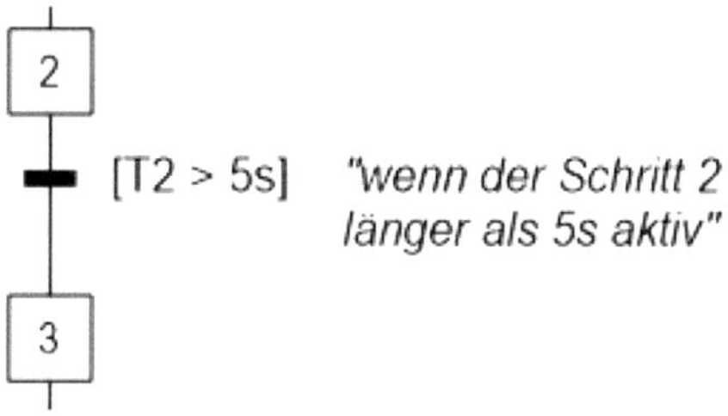

zeitgeführte Transition (2 Möglichkeiten)

- Einschaltverzögerung: erst die Zeit (5s), dann die Variable.
  X2 ist der Schritt 2
- T2 ist die Aktivierungszeit von X2. Die eckigen Klammern bilden aus dem Vergleich eine boolesche Größe.

Transition / Weiterschaltbedingung, zeitgeführt durch Booleschen Ausdruck

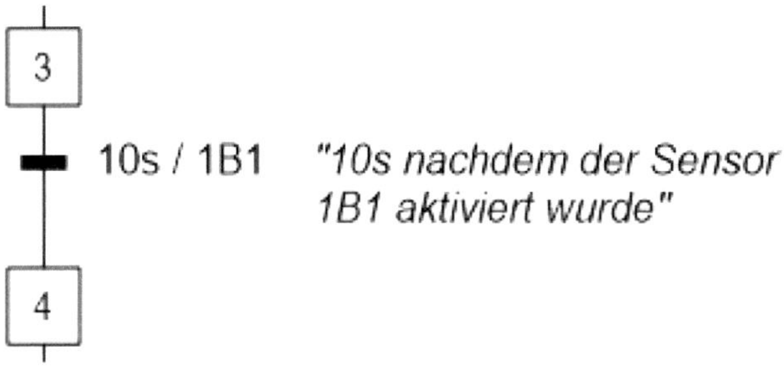

- Die **zeitgeführte Transition** kann auch **durch z.B. einen Sensor** (hier 1B1) gesteuert sein.

Transition / Weiterschaltbedingung, zeitgesteuert

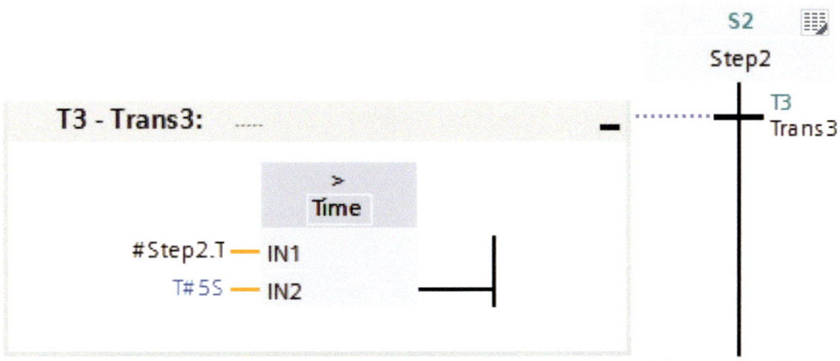

- zeitgeführte Transition: CMP>T
  Zeitvergleich mit "Step2.T", der "Überwachungszeit (T)" des Schrittes 2.

Transition / Weiterschaltbedingung, zeitgeführt durch Booleschen Ausdruck

Bei **zeitgeführter Transition** durch z.B. einen Sensor:

- Temp-Variable (hier: temp_1b1_verzoegert) anlegen.
- In den **vorausgeschalteten permanenten Operationen** in einem neuen Netzwerk die IEC-Zeit TON starten:

- Die Transition in der Schrittkette eintragen:

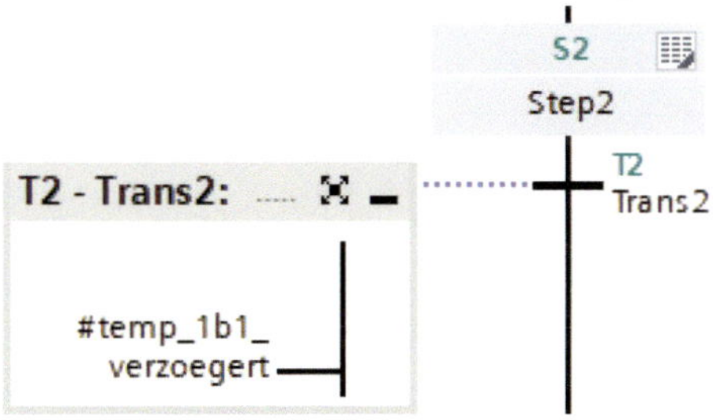

Transition / Weiterschaltbedingung, flankengesteuert

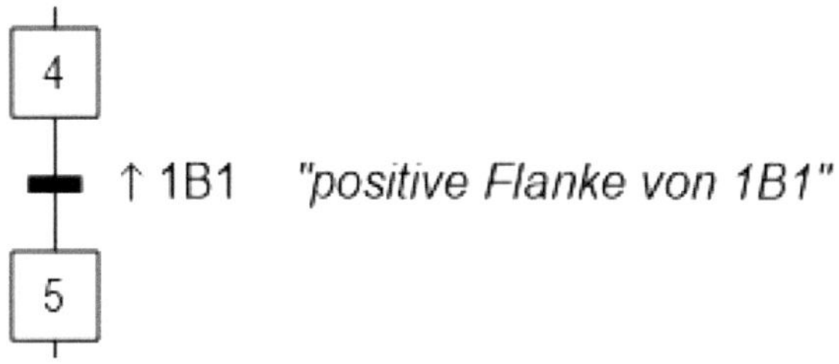

- Der Pfeil nach oben (↑) stellt die positive Flanke des Sensor-Signals dar.
- Ein Pfeil nach unten (↓) stellt die negative Flanke dar.

Aktionen, kontinuierlich, nicht speichernd wirkend

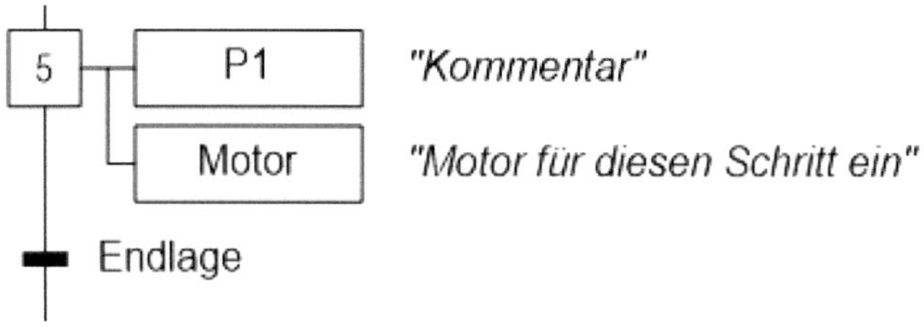

- Aktionen können unter- oder nebeneinander stehen.
- Name der Variablen, die eingeschaltet sein soll (evtl. mit Hinweis)
- Kommentare immer in Anführungszeichen.

Transition / Weiterschaltbedingung, flankengesteuert

Die Flankenerkennung kann nicht in der Transition erzeugt werden.
Dies geschieht in den **vorausgeschalteten permanenten Operationen**.

- Temp-Variable (temp_pos_1b1) anlegen.
- Static-Variable (stat_flanke_1b1) anlegen.
- In den **vorausgeschalteten permanenten Operationen** in einem neuen Netzwerk die Bitverknüpfung P_TRIG einfügen:

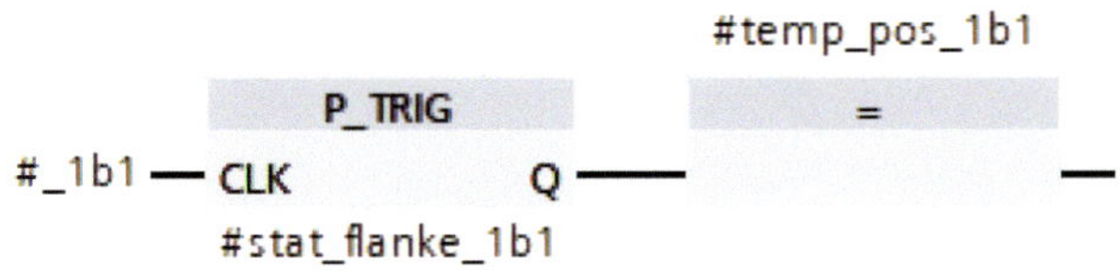

- Die Transition eintragen:

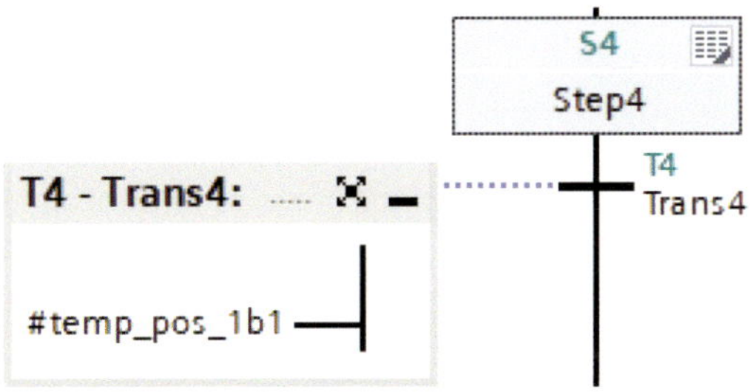

Aktionen, kontinuierlich, nicht speichernd wirkend

Die Aktion ist nur so lange aktiv, wie der Schritt aktiviert ist!

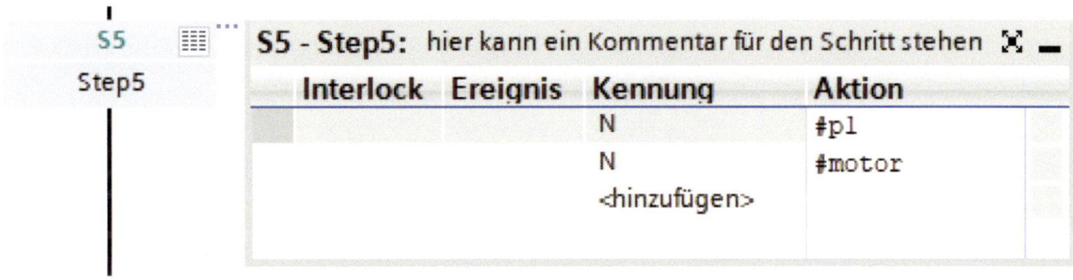

- erste Zeile = Kommentarzeile für den Schritt
- alle Aktionen untereinander
- Kennung "N" = nicht speichernd

Kontinuierlich wirkende Aktion mit Zuweisungsbedingung (bedingte Aktion)

<u>für Möglichkeit 1:</u>

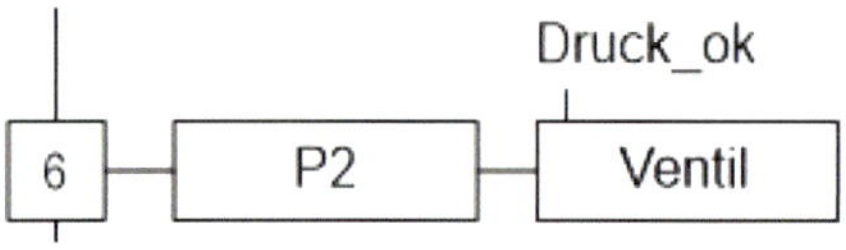

- nur wenn die Variable "Druck_ok" wahr ist, wird das Ventil eingeschaltet
- ein senkrechter Strich auf der Aktion
- jede Aktion kann mit einer Bedingung versehen werden.

Kontinuierlich wirkende Aktion mit Zuweisungsbedingung (bedingte Aktion)

Möglichkeit 1:

Einzelschrittansicht einschalten:

▼ **Interlock -(c)-:** .....

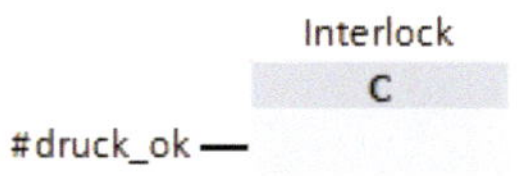

▶ **Supervision -(v)-:** .....

▼ **Aktionen:** .....

-(C)-	Interlock	Ereignis	Kennung	Aktion
			N - Setzen solange Schritt aktiv	#p2
	-(C)-		N - Setzen solange Schritt aktiv	#ventil
			<hinzufügen>	

- Bedingung als Logik an den "Interlock" C
  → dadurch ein -(C)- links am Schritt.
- Bei "Interlock" das -(C)- auswählen.

Achtung: Es kann nur **eine** Bedingung **pro Schritt** definiert werden!

Bei **mehreren bedingten Aktionen in einem Schritt** müssen entsprechend viele parallele Schritte angelegt werden, die jeweils eine Interlock-Bedingung haben. (siehe: parallel Verzweigungen)

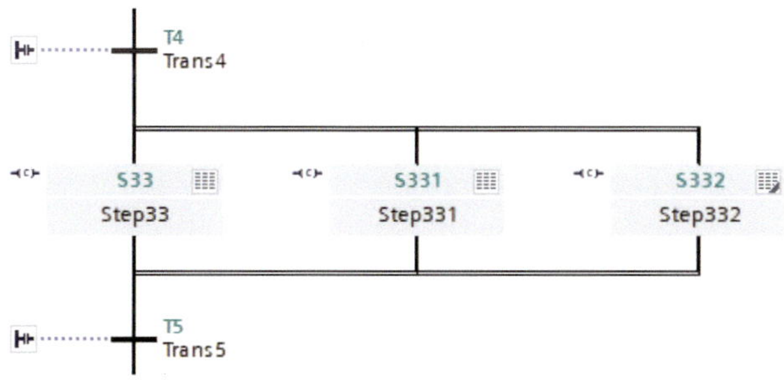

Mögliches Problem: Bei der Verwendung der Alarme in S7-Graph wird das Auslösen der Verriegelung "C" gemeldet. (selten)

Kontinuierlich wirkende Aktion mit Zuweisungsbedingung (bedingte Aktionen)

für Möglichkeit 2:

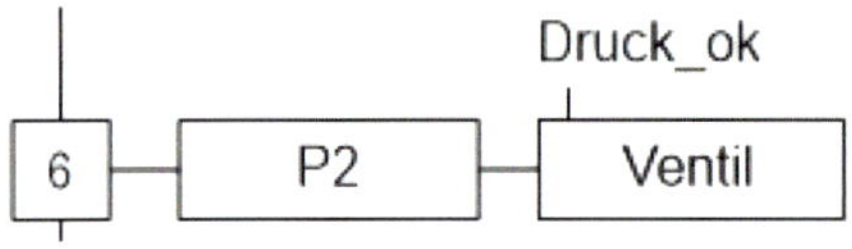

- nur wenn die Variable "Druck_ok" wahr ist, wird das Ventil eingeschaltet
- ein senkrechter Strich auf der Aktion
- jede Aktion kann mit einer Bedingung versehen werden.

Kontinuierlich wirkende Aktion mit Zuweisungsbedingung (bedingte Aktionen)

Möglichkeit 2:

In dem Schritt wird nicht die Output-Variable direkt angesteuert, sondern nur eine Temp-Variable. Die Ansteuerung der Output-Variablen geschieht erst in den **nachgeschalteten permanenten Operationen**:

In der Aktion steht eine Temp-Variable (temp_ventil_bedingt).

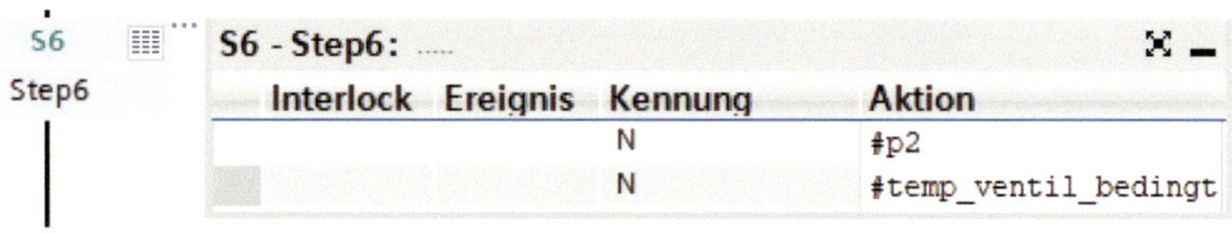

In den **nachgeschalteten permanenten Operationen** wird dann die bedingte Einschalt-Aktion programmiert:

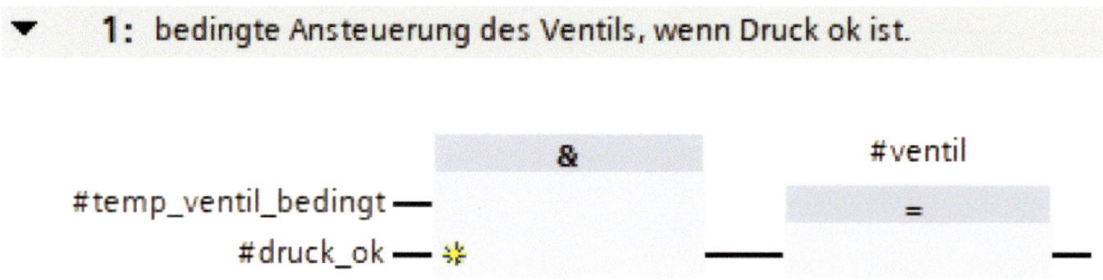

Problem: Das geht nur, wenn die Output-Variable **#ventil** nirgendwo anders verwendet wird, da die Ausführung permanent erfolgt. **Eine Ansteuerung in einem anderen Schritt wäre konkurrierend!!**

Lösung: Weitere Ansteuerungen über zusätzliche Temp-Variablen in den **nachgeschalteten permanenten Operationen** als ODER-Bedingung einfügen.

Kontinuierlich wirkende Aktion mit zeitabhängiger Zuweisungsbedingung

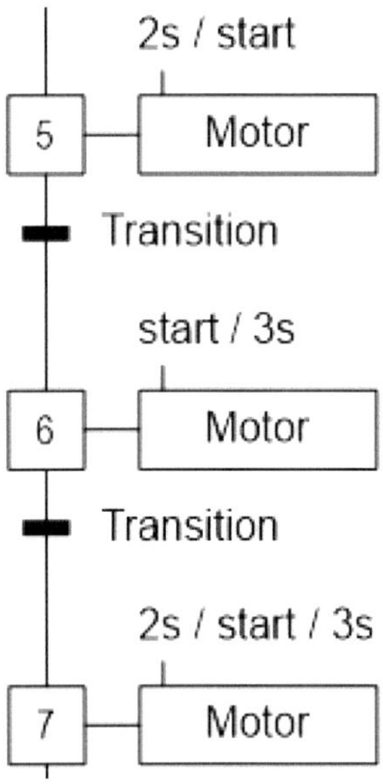

Einschalt-Verzögerung

Ausschalt-Verzögerung

Ein- und Ausschalt-Verzögerung:
Motor startet verzögert nach 2s und läuft nach Wegfall des "start"-Signals 3s nach.

Kontinuierlich wirkende Aktion mit zeitabhängiger Zuweisungsbedingung

Möglichkeit 1:

In den **vorausgeschalteten permanenten Operationen**:

- Timer **TON** mit der Variablen "start" starten
- Ausgang des Timers auf eine temp-Variable legen, z.B. "temp_TON_start":

- Für die Ausschaltverzögerung steht der Timer **TOF** zur Verfügung
- Die Variable "temp_TON_start" als "**Interlock**" in dem Schritt einbauen (siehe vorherige Seite).

Mögliches Problem: Bei der Verwendung der Alarme in S7-Graph wird das Auslösen der Verriegelung "C" gemeldet. (selten)

Möglichkeit 2:

- In der Aktion (Schrittkette) steht eine Temp-Variable (temp_motor_bedingt).

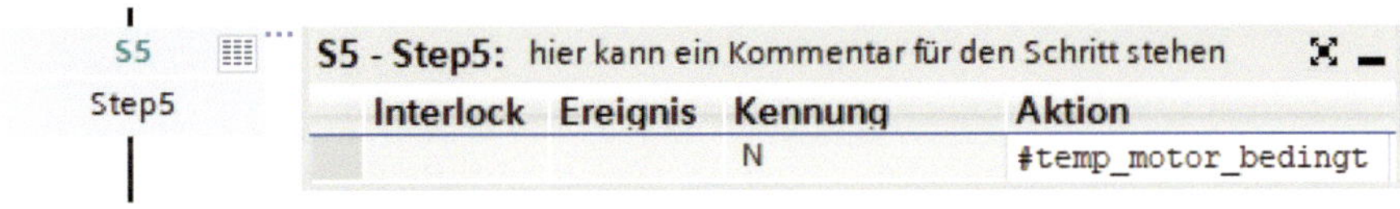

- In den **nachgeschalteten permanenten** Operationen wird die bedingte Aktion programmiert:

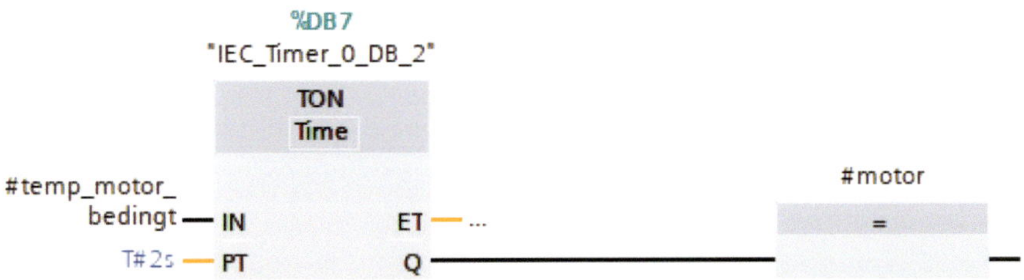

Problem: Das geht nur, wenn die Output-Variable **#motor** nirgendwo anders verwendet wird, da die Ausführung permanent erfolgt. **Eine Ansteuerung in einem anderen Schritt wäre konkurrierend!!**

Lösung: Weitere Ansteuerungen über zusätzliche Temp-Variablen in den **nachgeschalteten permanenten Operationen** als ODER-Bedingung einfügen.

Verzögerte kontinuierlich wirkende Aktion

für Möglichkeit 1:

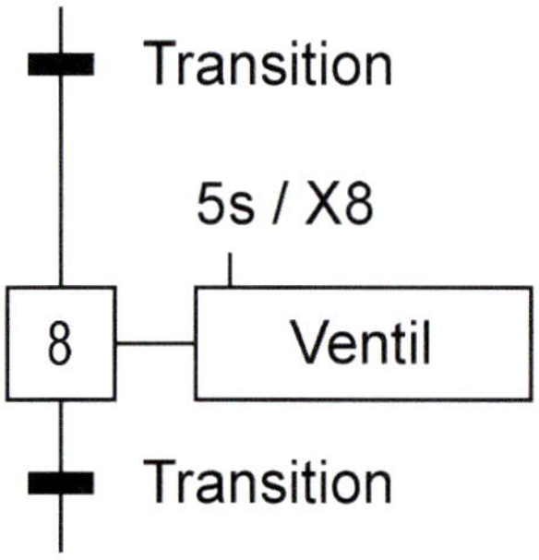

- Einschaltverzögerung:
  5s nach dem Aktivieren des Schrittes 8 wird das Ventil eingeschaltet.

Verzögerte kontinuierlich wirkende Aktion

Möglichkeit 1:

S8: Step8

Kommentar

▼ **Interlock -(c)-:** .....

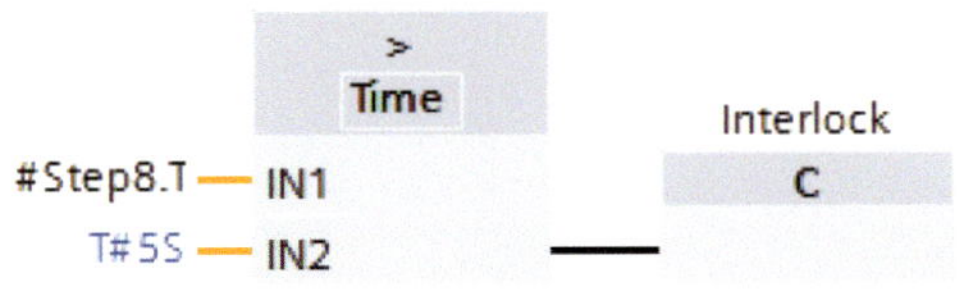

▶ **Supervision -(v)-:** .....

▼ **Aktionen:** .....

-(C)-	Interlock	Ereignis	Kennung	Aktion
	-(C)-		N - Setzen solange Schritt aktiv	#ventil
			<hinzufügen>	

- **Interlock** (s.o.) mit dem Vergleicher **CMP>T**.
- Die Variable "Step8.T" enthält die Aktivierungszeit des Schrittes 8.
- Ist die Aktivierungszeit größer als 5s, dann ist die Bedingung wahr.

Mögliches Problem: Bei der Verwendung der Alarme in S7-Graph wird das Auslösen der Verriegelung "C" gemeldet. (selten)

Verzögerte kontinuierlich wirkende Aktion

für Möglichkeit 2:

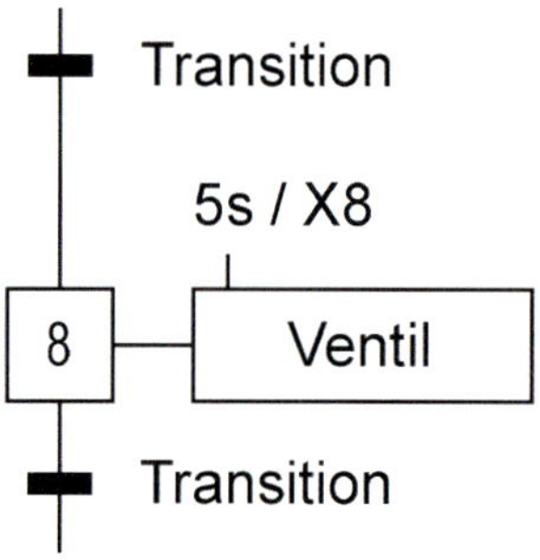

- Einschaltverzögerung:
  5s nach dem Aktivieren des Schrittes 8 wird das Ventil eingeschaltet.

Verzögerte kontinuierlich wirkende Aktion

***Möglichkeit** 2:*

In der Aktion steht eine Temp-Variable (temp_ventil_bedingt):

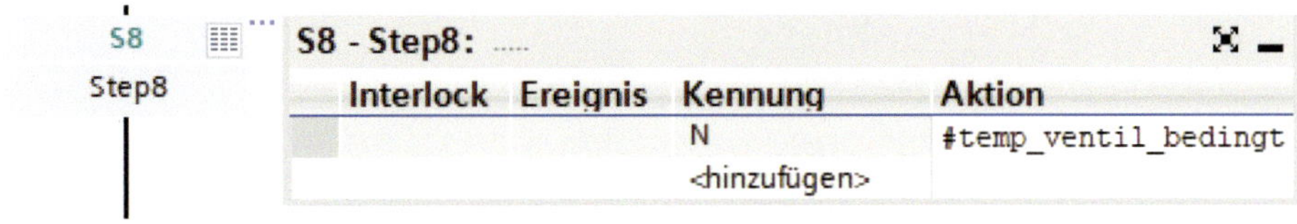

Das bedingte Einschalten wird mit Hilfe des S7-GRAPH-Operanden komplett in den **nachgeschalteten permanenten Operationen** programmiert:

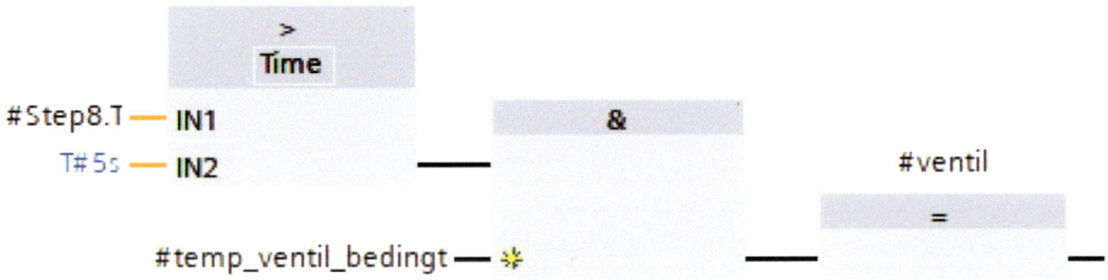

Die Variable "Step8.T" stellt die eingebaute Uhr dar, die die Aktivierungszeit des Schrittes misst.

Ist die Aktivierungszeit größer als 5s, dann ist die Bedingung wahr.

<u>Problem</u>: Das geht nur, wenn die Output-Variable **#ventil** nirgendwo anders verwendet wird, da die Ausführung permanent erfolgt. **Eine Ansteuerung in einem anderen Schritt wäre konkurrierend!!**

<u>Lösung</u>: Weitere Ansteuerungen über zusätzliche Temp-Variablen in den **nachgeschalteten permanenten Operationen** als ODER-Bedingung einfügen.

Zeitbegrenzte kontinuierlich wirkende Aktion

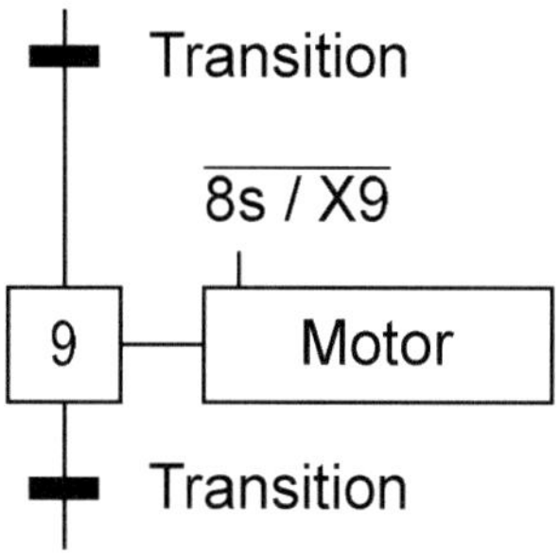

- **negierte** Einschaltverzögerung:
  Die ersten 8s nach dem Aktivieren des Schritt 9 läuft der Motor.

Zeitbegrenzte kontinuierlich wirkende Aktion

***Möglichkeit** 1:*

Zwischen dem Vergleicher und dem Interlock "C" wird eine Negierung eingefügt. Man kann alternativ auch den Vergleicher von ">" auf "<" ändern (anklicken und auswählen):

▼ **Interlock -(c)-:** .....

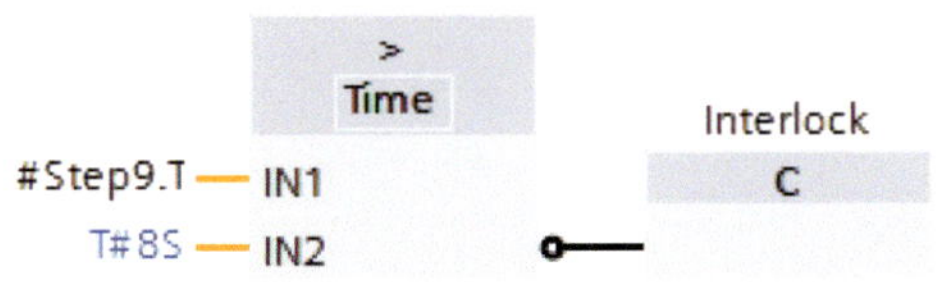

▶ **Supervision -(v)-:** .....

▼ **Aktionen:** .....

-(c)-

Interlock	Ereignis	Kennung	Aktion
-(C)-		N -Setzen solange Schritt aktiv	#motor
		<hinzufügen>	

Mögliches Problem: Bei der Verwendung der Alarme in S7-Graph wird das Auslösen der Verriegelung "C" gemeldet. (selten)

***Möglichkeit** 2:*

In der Aktion steht eine TEMP-Variable (motor_bedingt).

Das bedingte Einschalten wird mit Hilfe des S7-GRAPH-Operanden komplett in den nachgeschalteten permanenten Operationen programmiert. (siehe vorherige Seiten)

Problem: Das geht nur, wenn die Output-Variable **#motor** nirgendwo anders verwendet wird, da die Ausführung permanent erfolgt. **Eine Ansteuerung in einem anderen Schritt wäre konkurrierend!!**

Lösung: Weitere Ansteuerungen über zusätzliche Temp-Variablen in den **nachgeschalteten permanenten Operationen** als ODER-Bedingung einfügen.

Speichernd wirkende Aktion beim Aktivieren/Deaktivieren des Schrittes

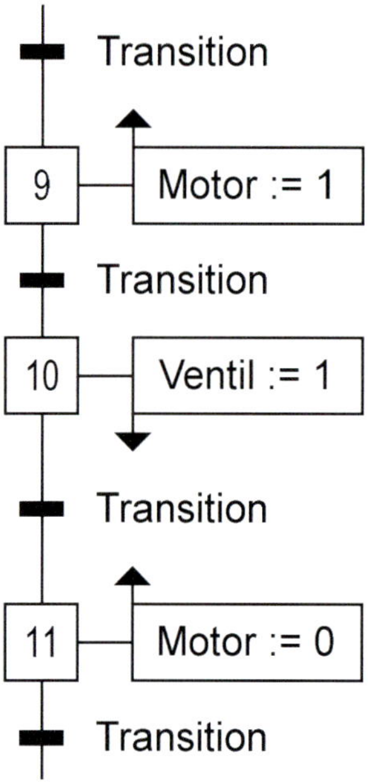

Beim Aktivieren des Schrittes 9 wird der Motor eingeschaltet.

Beim Deaktivieren des Schrittes 10 wird das Ventil eingeschaltet.

Beim Aktivieren des Schrittes 11 wird der Motor ausgeschaltet.

Aktionen
- Einschalten: " **:= 1** "
- Ausschalten:" **:= 0** "

Zeitpunkt der Aktion:
- Aktion beim Aktivieren des Schrittes: Pfeil nach oben ↑ (positive Flanke)
- Aktion beim Deaktivieren des Schrittes: Pfeil nach unten ↓ (negative Flanke)

Zu einer **speichernd wirkenden Aktion** gehört zwingend die **Angabe eines Zeitpunktes**!!

Zuweisen eines Wertes beim Aktivieren des Schrittes (INT oder REAL)

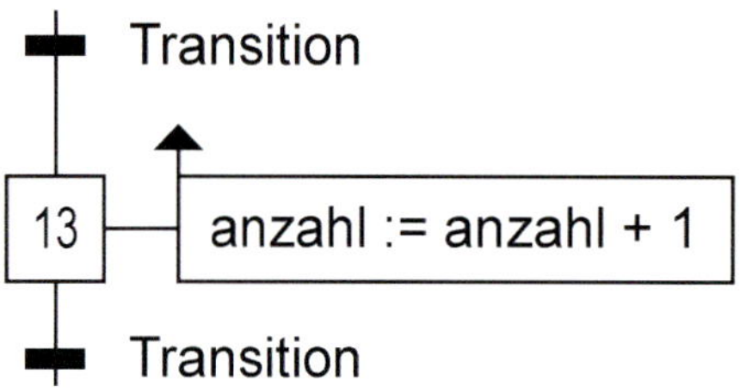

Hier am Beispiel eines Zählers. Zahlenformat: INT

Speichernd wirkende Aktion beim Aktivieren/Deaktivieren des Schrittes

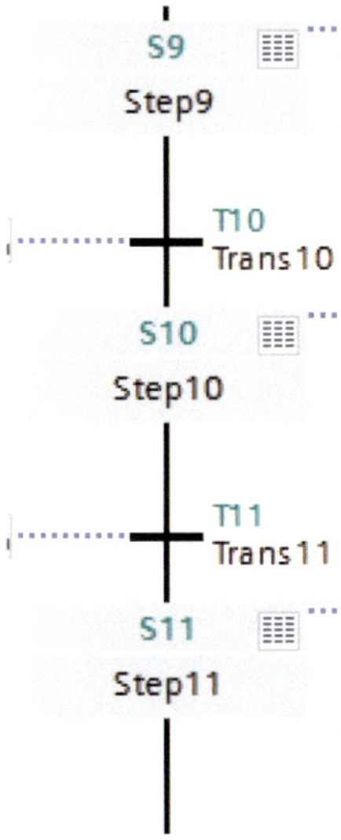

S9 - Step9:

Interlock	Ereignis	Kennung	Aktion
	S1	S	#motor

S10 - Step10:

Interlock	Ereignis	Kennung	Aktion
	S0	S	#ventil

S11 - Step11:

Interlock	Ereignis	Kennung	Aktion
	S1	R	#motor
		<hinzufügen>	

Kennung

- Einschalten = auf 1 Setzen: "S"
- Ausschalten = auf 0 Setzen: "R"

Ereignis = Zeitpunkt der Aktion:

- Aktion beim Aktivieren des Schrittes: "S1" (Kommender Schritt)
- Aktion beim Deaktivieren des Schrittes "S0" (Gehender Schritt)

Der Begriff **Aktion** wird bei S7-Graph für die gesteuerte Variable benutzt!

Zuweisen eines Wertes beim Aktivieren des Schrittes (INT oder REAL)

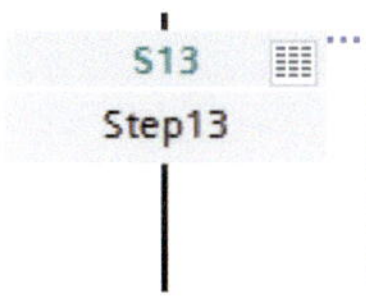

S13 - Step13:

Interlock	Ereignis	Kennung	Aktion
	S1	N	#anzahl := #anzahl +1
		<hinzufügen>	

- "S1": beim Aktivieren von Step13
- "N": nicht speichernd

Durch die Kombination "S1" und "N" wird die Aktion nur einmal beim Aktivieren des Schrittes ausgeführt.

Speichernd wirkende Aktion bei Ereignis

für Möglichkeit 1:

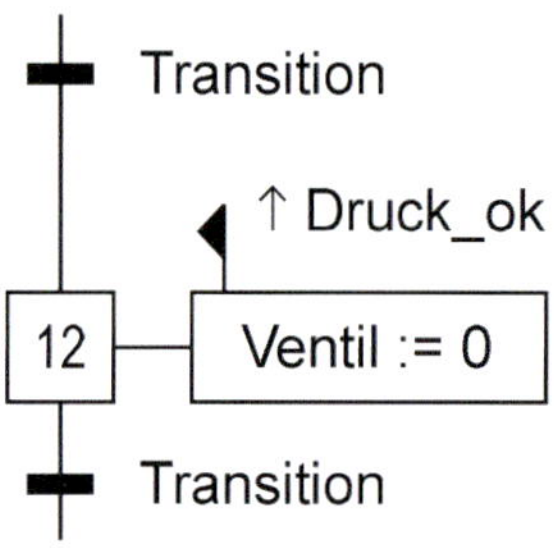

Aktion:
- Wenn der Schritt 12 **aktiv ist**, und die Variable "Druck_ok" eine **positive Flanke** hat, dann wird das Ventil speichernd ausgeschaltet.
- Es findet **keine Aktion** statt, wenn die Variable "Druck_ok" schon ein "1"-Signal bei der Aktivierung des Schrittes hat!

Darstellung:
- senkrechter Strich mit Pfeil zur linken Seite (Fähnchen) auf der Aktion
- Der Zeitpunkt wird durch den Pfeil nach oben, steigende Flanke, gekennzeichnet.

Weitere Möglichkeit:
- Das Ereignis kann auch zeitgesteuert sein,
  z.B.: **↑ 20s / X12**: 20s nach Aktivieren des Schrittes 12.
- Wenn die Aktion auch ausgeführt werden soll, wenn "Druck_ok" schon ein "1"-Signal vor Aktivierung des Schrittes hat, so muss die Bedingung ergänzt werden:

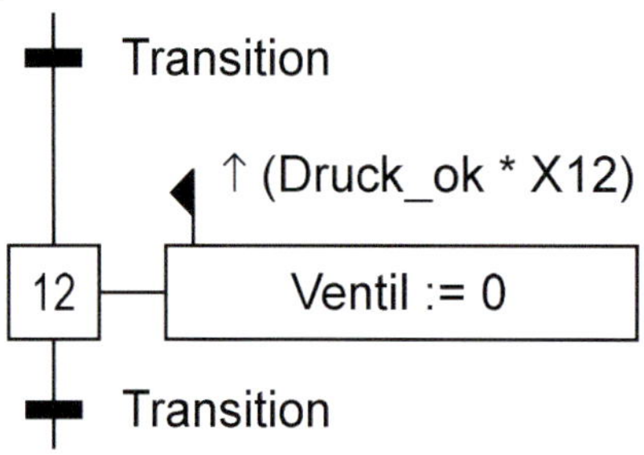

Speichernd wirkende Aktion bei Ereignis

Möglichkeit 1:

In den **vorausgeschalteten permanenten Anweisungen** wird die positive Flanke des Signals "Druck_ok" erzeugt:

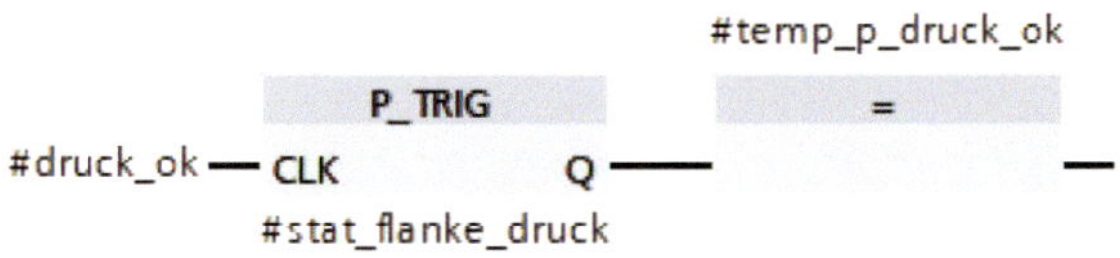

#stat_flanke_druck = "Flankenmerker"

#temp_p_druck_ok = zur Informations-weitergabe

Mit der Flanke im Interlock wird dann die speichernde Aktion ausgeführt:

▼ **Interlock -(c)-:** .....

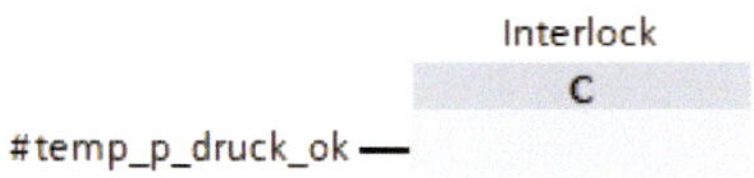

▼ **Aktionen:** .....

-(C)-

Interlock	Ereignis	Kennung		Aktion
-(C)-		R	- Auf 0 setzen	#ventil

Soll die Aktion auch ausgeführt werden, wenn die Variable "druck_ok" bereits vor Aktivierung des Schrittes ein "1"-Signal hat, dann ist dies auch möglich:

▼ **Interlock -(c)-:** .....

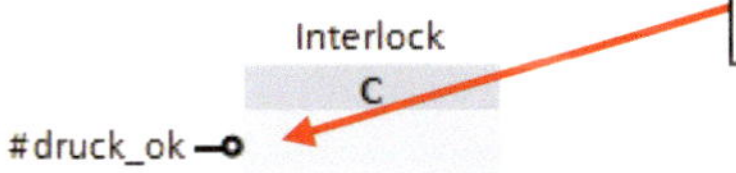

Es muss das **negierte Signal bei dem Interlock** verwendet werden

▼ **Aktionen:** .....

-(C)-

Interlock	Ereignis	Kennung		Aktion
	L1	R	- Auf 0 setzen	#ventil
		<hinzufügen>		

"L1" = gehende Interlock-Bedingung

Hinweis: Würde man das nicht negierte Signal am Interlock mit dem Ereignis "L0" abfragen, würde der R-Befehl beim Verlassen des Schrittes ausgeführt, auch wenn die Variable "druck_ok" keine "1" gehabt hat!

Mögliches Problem: Bei der Verwendung der Alarme in S7-Graph wird das Auslösen der Verriegelung "C" gemeldet. (selten)

Speichernd wirkende Aktion bei Ereignis

für Möglichkeit 2:

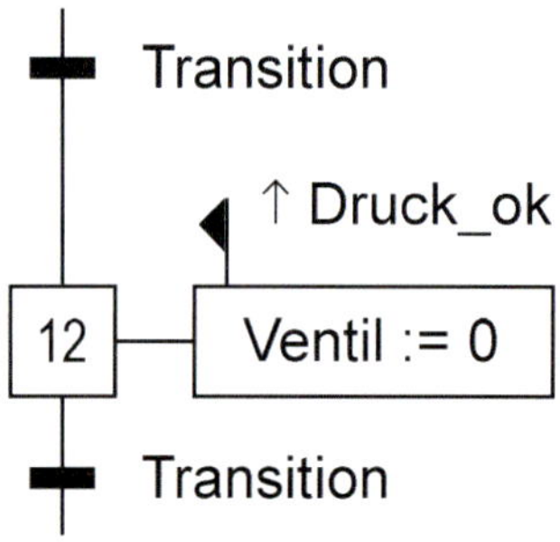

Aktion:

- Wenn der Schritt 12 aktiv ist, und die Variable "Druck_ok" eine positive Flanke hat, dann wird das Ventil speichernd ausgeschaltet.
- Es findet **keine Aktion** statt, wenn die Variable "Druck_ok" schon ein "1"-Signal bei der Aktivierung des Schrittes hat!

Darstellung:

- senkrechter Strich mit Pfeil zur linken Seite (Fähnchen) auf der Aktion
- Der Zeitpunkt wird durch den Pfeil nach oben, steigende Flanke, gekennzeichnet.

Weitere Möglichkeit:

- Das Ereignis kann auch zeitgesteuert sein,
  z.B.: **↑ 20s / X12**: 20s nach Aktivieren des Schrittes 12.
- Wenn die Aktion auch ausgeführt werden soll, wenn "Druck_ok" schon ein "1"-Signal vor Aktivierung des Schrittes hat, so muss die Bedingung ergänzt werden:

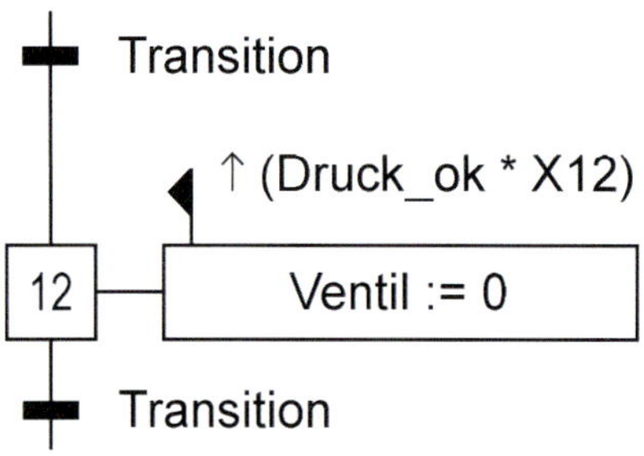

Speichernd wirkende Aktion bei Ereignis

Möglichkeit 2:

In der Aktion steht eine Temp-Variable (temp_ventil_bedingt):

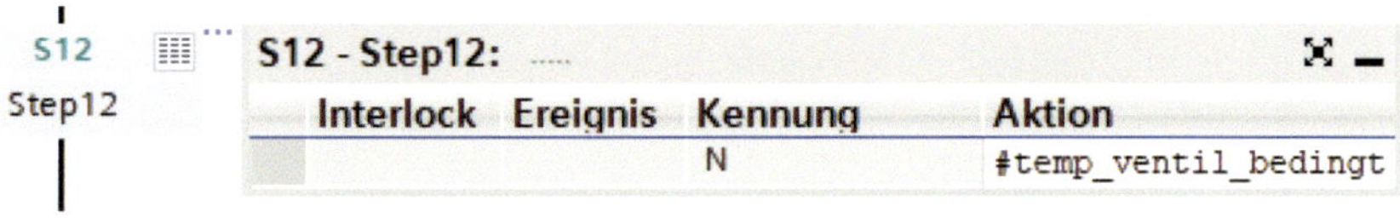

- Die **static-Variable** "stat_flanke_druck" wird angelegt.
- Die Flankenerkennung wird dann in den **nachgeschalteten permanenten Operationen** programmiert:

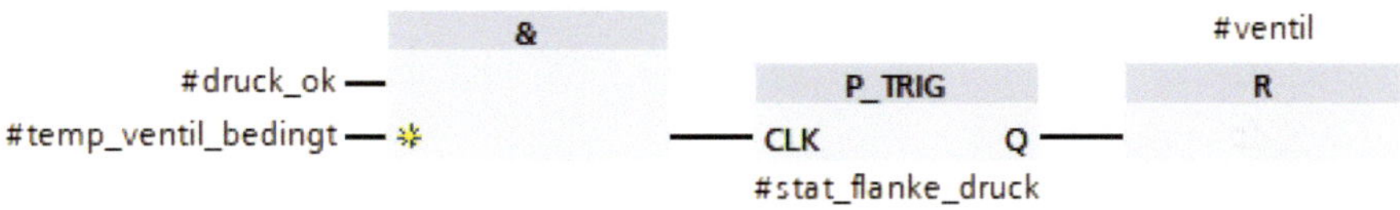

Achtung:
Hat die Variable "druck_ok" schon vor Aktivierung des Schrittes 12 ein "1"-Signal, dann wird das Ventil beim Aktivieren von Step12 zurückgesetzt!

Ist dies nicht gewollt, so muss das UND zwischen P_TRIG und R eingefügt werden:

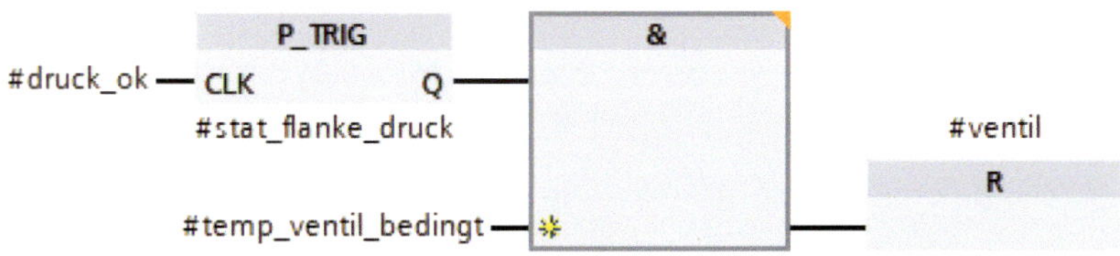

Problem: Das geht nur, wenn die Output-Variable **#ventil** nirgendwo anders verwendet wird, da die Ausführung permanent erfolgt. **Eine Ansteuerung in einem anderen Schritt wäre konkurrierend!!**

Lösung: Weitere Ansteuerungen über zusätzliche Temp-Variablen in den **nachgeschalteten permanenten Operationen** als ODER-Bedingung einfügen.

Alternative Verzweigung

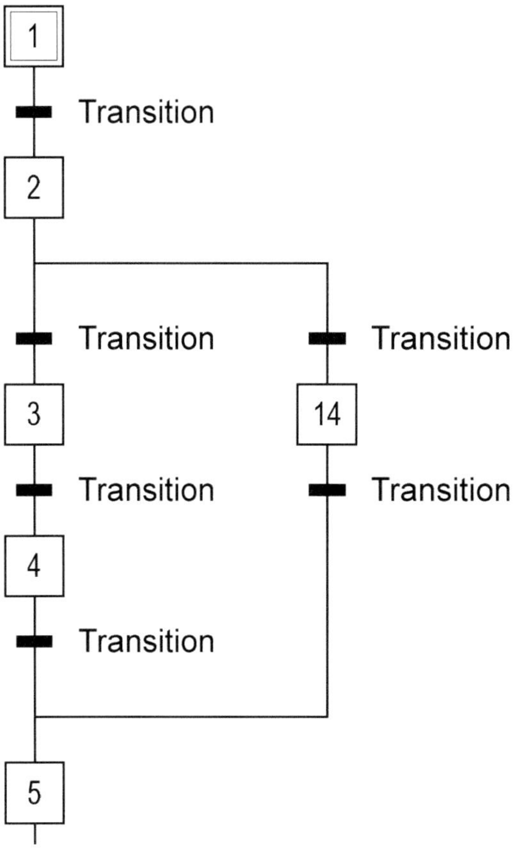

- Die alternative Verzweigung beginnt in beiden Zweigen mit einer Transition.
- Die Transition, die zuerst erfüllt ist, öffnet den entsprechenden Zweig.
- Die alternative Verzweigung endet in beiden Zweigen mit einer Transition.
- Darstellung mit einer einfachen Querlinie.

Alternative Verzweigung

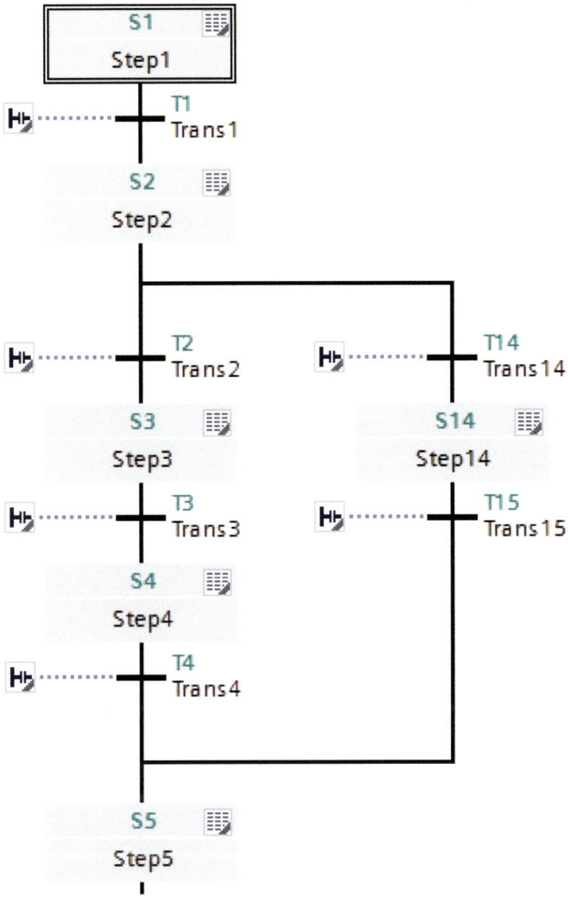

Die alternative Verzweigung (bei S7-Graph: Alternativzweig) kann nur eingefügt werden, wenn ein Schritt markiert ist.

Parallele Verzweigung/Simultan-Verzweigung

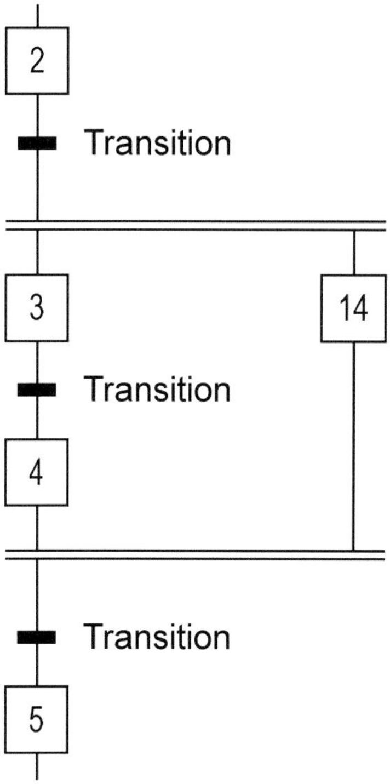

- Die parallele Verzweigung beginnt in beiden Zweigen mit einem Schritt.
- Beide Zweige werden gleichzeitig bearbeitet.
- Die parallele Verzweigung endet in beiden Zweigen mit einem Schritt.
- Beendet wird die parallele Verzweigung erst, wenn beide Zweige im jeweils letzten Schritt stehen und die nachfolgende Transition erfüllt ist.
- Darstellung mit einer doppelten Querlinie.

Parallele Verzweigung/Simultan-Verzweigung

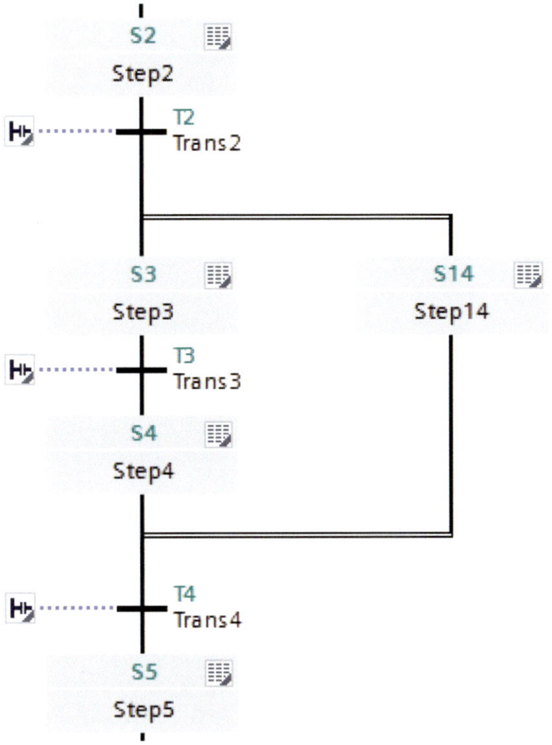

Die parallele Verzweigung (bei S7-Graph: Simultanzweig) kann nur eingefügt werden, wenn eine Transition markiert ist.

Strukturieren von GRAFCETs

Zum Strukturieren können GRAFCETs in mehrere Teil-GRAFCETs aufgeteilt werden. Es gibt einen übergeordneten GRAFCET, sozusagen das Hauptprogramm. Von dort werden die anderen Teil-GRAFCETs gesteuert.

Zwangssteuernde Befehle

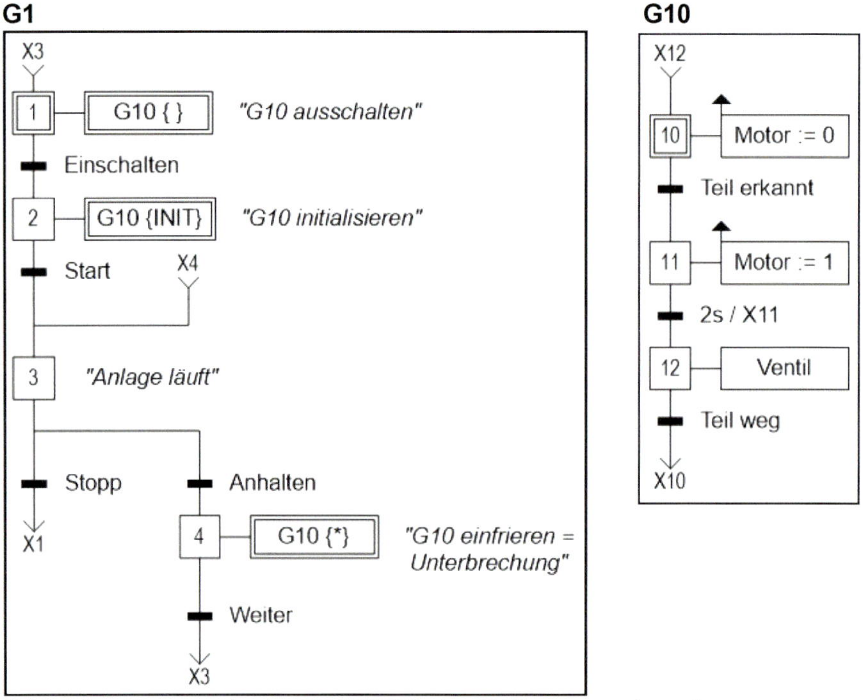

G1 ist der übergeordnete GRAFCET, der **G10** zwangssteuert.

Es gibt vier zwangssteuernde Befehle:

- **G10{ }** deaktiviert den Teil-GRAFCET G10 komplett.
- **G10{INIT}** initialisiert den Teil-GRAFCET G10 zwangsweise.
- **G10{*}** hält den Teil-GRAFCET G10 im aktuellen Zustand an (einfrieren)
- (nicht dargestellt)
  G10{11} schaltet im Teil-GRAFCET G10 den Schritt 11 zwangsweise ein und alle anderen Schritte aus. Es können auch mehrere Schritte aktiviert werden: **G12{8, 9, 11}** (bei parallel-Verzweigungen)

Strukturieren von S7-GRAPH

Bei S7-Graph können in einem FB auch mehrere Schrittketten programmiert werden, die sich gegenseitig beeinflussen können. **Über die Schnittstelle** können diese Ketten aber **nur gemeinsam zwangsgesteuert werden**! **Innerhalb des FBs können die Ketten einzeln zwangsgesteuert werden.**

Zwangssteuernde Befehle

über die Schnittstelle

Die Zwangssteuerung über die Schnittstelle des FBs beeinflusst alle Ketten gleichzeitig in dem FB.
Der Baustein mit den Schrittketten, die gesteuert werden sollen, muss mit folgenden **Bausteineinstellungen** erzeugt werden**:**

Übersetzen / Speichern

FB-Parameter: Standard

Dadurch sind in der Schnittstelle des Bausteins Eingänge vorhanden, mit denen die Ketten in dem Baustein (FB) gesteuert werden können:

OFF_SQ	Schrittkette ausschalten	**G10{ }**
INIT_SQ	Initialisieren	**G10{INIT}**
ACK_EF	Fehler quittieren	
S_PREV	ein Schritt zurück	
S_NEXT	ein Schritt vorwärts	
SW_AUTO	Betriebsart Automatik (TRUE)	
SW_TAP	T-AND-P-Betrieb	
SW_MAN	Handbetrieb	
S_SEL	Schritt-Nummer (INT) vorgeben	
S_ON	Schritt aktivieren	**G10{11}**
S_OFF	Schritt deaktivieren	
T_PUSH	Freigabe im TAP-Betrieb	

!! Achtung !!
Die Eingänge sind alle **flankengesteuert**!

Häufig genutzt werden:

- OFF_SQ
- INIT_SQ
- SW_AUTO (Einschalten des Auto-Betrieb = Einfrieren {*} aufheben)
- SW_MAN (Einschalten des Handbetriebs = Einfrieren {*})
- S_ON (Einschalten eines bestimmten Schrittes, der mit S_SEL ausgewählt wurde)

Zwangssteuern: Ausschalten/Deaktivieren

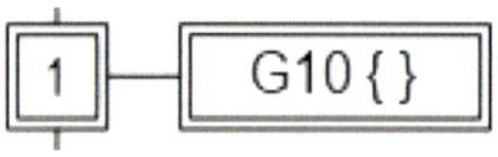

"G10 ausschalten"

Der GRACFCET G10 soll abgeschaltet werden, was bedeutet, dass alle Schritte deaktiviert werden.

G10

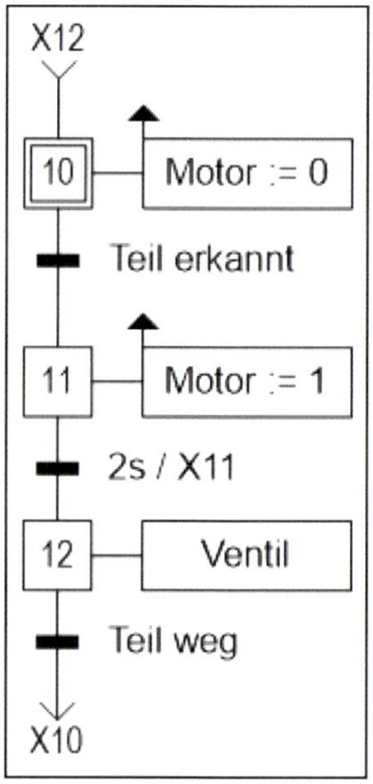

Hinweis:
Um einen Booleschen Wert "FALSE" zu erzeugen gibt es verschiedene Möglichkeiten, die vom Typ der PLC abhängen:

S7-1500: einfach **false** an der Transition eintragen. Das ist dann eine Konstante.

S7-300: hier kann keine Konstante eingetragen werden. Eine Möglichkeit ist das Definieren einer Static-Variablen **#_false** mit dem Defaultwert "false".

Zwangssteuern: Ausschalten/Deaktivieren

über die Schnittstelle

In dem FB, der den GRAFCET **G1** enthält, wird in dem Schritt 1 die (neue) Out-Variable "g10_off" mit einer kontinuierlich wirkenden Aktion (nicht speichernd) eingeschaltet:

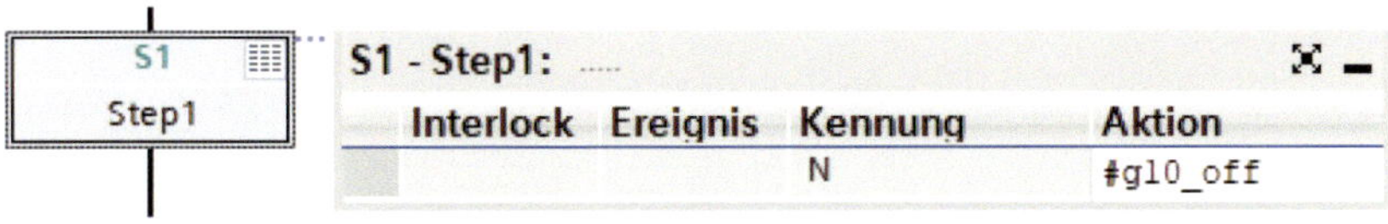

Im OB1 werden die beiden FBs (G1 und G10) nacheinander aufgerufen. Die Output-Variable "g10_off" des G1 wird dann mit Hilfe einer Global-Daten-Variablen (evtl. Temp-Variablen) mit der Input-Variablen "OFF_SQ" des FB verknüpft, der den G10 enthält.

innerhalb des FBs

Das Ausschalten einer ganzen Kette ist problematisch, da (eigentlich) alle Schritte des G10 einzeln abgeschaltet werden müssen. Einen Sammelbefehl gibt es nicht. In unserem Beispiel links wären das 3 Schritte. Um dies einfacher zu realisieren, geht man wie folgt vor:

- Die Kette G10 wird um einen Schritt (S20) erweitert, der über eine alternative Verzweigung eingebunden ist. Die Transition muss immer "FALSE" sein (siehe Hinweis auf der linken Seite), damit der Schritt nie aus der Kette heraus aktiviert wird.
- Hinter dem neuen Schritt kommt nach einer leeren Transition (immer "TRUE") ein Kettenende.

➔ **Wird dieser Schritt aktiviert, dann wird die Kette abgeschaltet!**

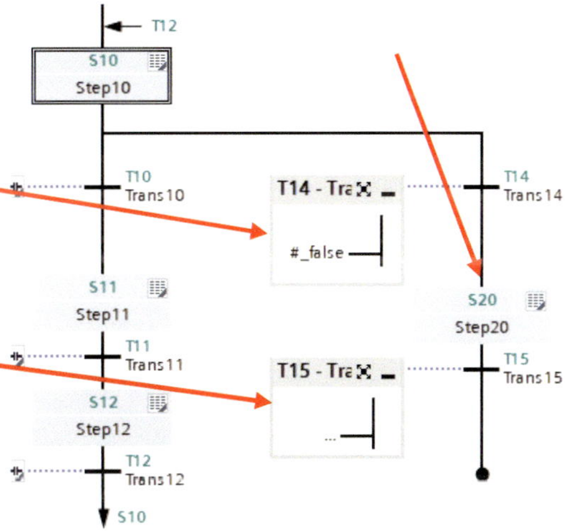

Aus dem Schritt S1 heraus wird der Schritt **#step20** mit dem Befehl aktiviert:

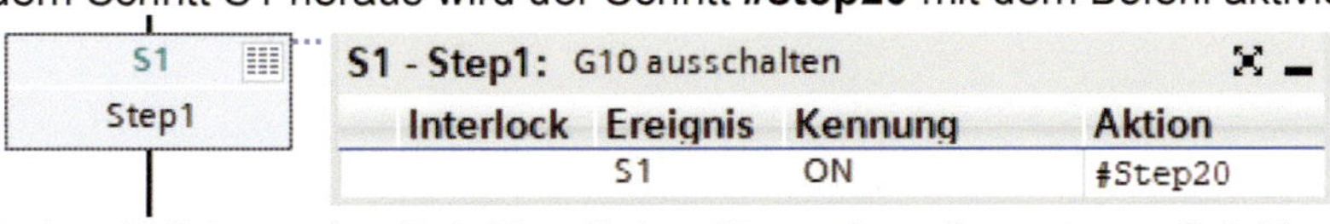

Durch das Aktivieren des Schrittes **#step20** werden alle anderen Schritte von G10 deaktiviert!

Zwangssteuern: Initialisieren

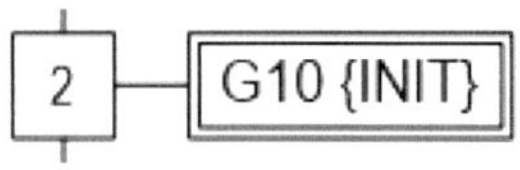

"G10 initialisieren"

G10

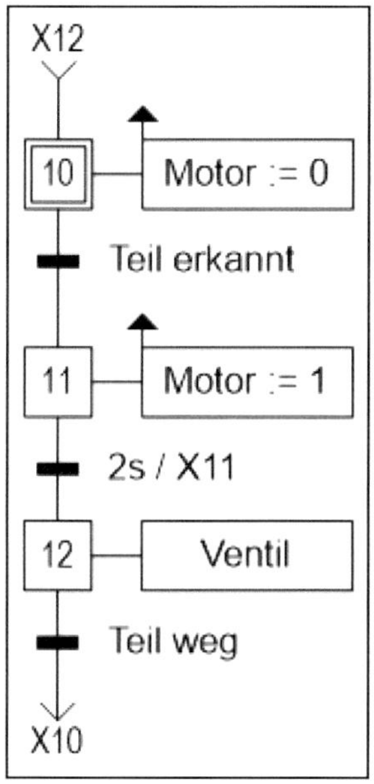

Initialisieren:

- Der Initialschritt (hier X10) wird aktiviert.
- Alle anderen Schritte werden abgeschaltet.

Zwangssteuern: Initialisieren

über die Schnittstelle

In dem FB, der den GRAFCET G1 enthält, wird in dem Schritt 2 die neue Out-Variable "g10_init" mit einer kontinuierlich wirkenden Aktion (nicht speichernd) eingeschaltet:

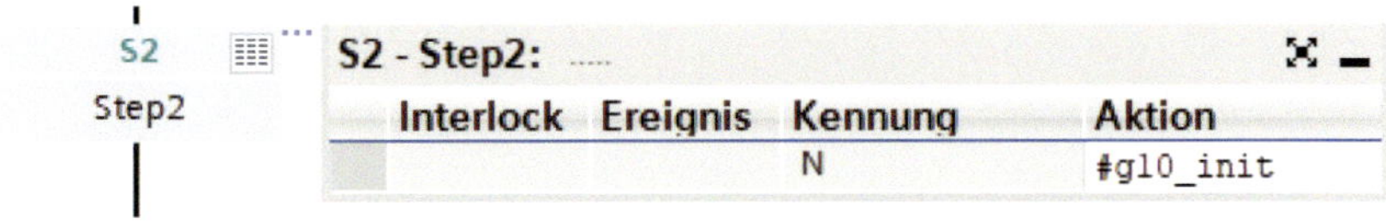

Im OB1 werden die beiden FBs (G1 und G10) nacheinander aufgerufen. Die Output-Variable "g10_init" des G1 wird dann mit Hilfe einer Global-Daten-Variablen (evtl. Temp-Variablen) mit der Input-Variablen "INIT_SQ" des G10 verknüpft.

Da der Eingang "INIT_SQ" flankengesteuert arbeitet, im GRAFCET aber eine dauerhafte Zwangssteuerung gefordert ist, muss der FB, der den G10 enthält, noch ergänzt werden:
In der Transition hinter dem Initialschritt muss zusätzlich noch der Eingang "INIT_SQ" negiert abgefragt werden:

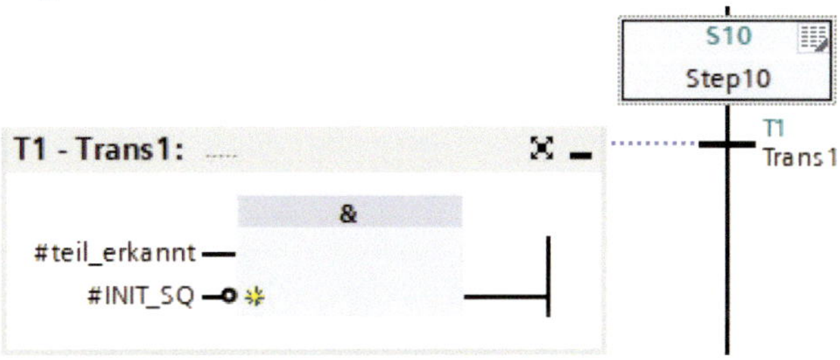

innerhalb des FBs

Das Initialisieren ist sehr einfach und kann **auch für das Zwangssetzen eines Schrittes** verwendet werden.
Mit der Aktion

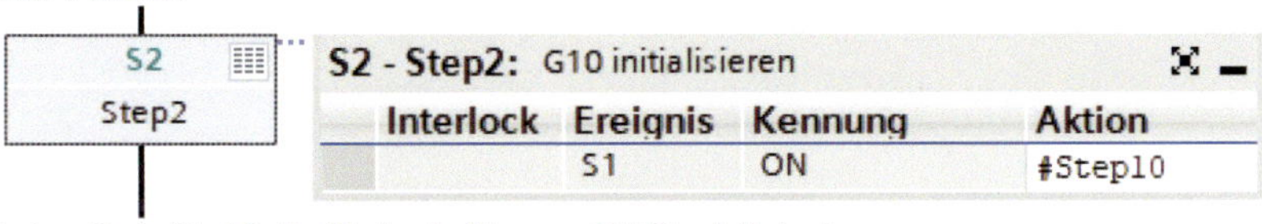

wird der Schritt 10 (Initialschritt von G10) aktiviert.
Da sich die Ketten in S7-GRAPH immer in einem eindeutigen Zustand befinden müssen, werden automatisch alle anderen Schritte deaktiviert.

Diese Aktion ist flankengesteuert, der Initalschritt wird also nicht "festgehalten". Um dies zu realisieren muss die Transition nach dem Schritt 10 um eine negierte Abfrage des Schrittes mit der Zwangssteuerung (hier Schritt 2) ergänzt werden.

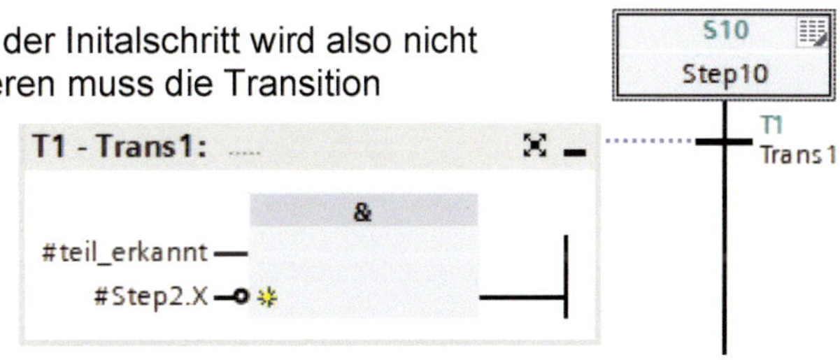

Zwangssteuern: Einfrieren

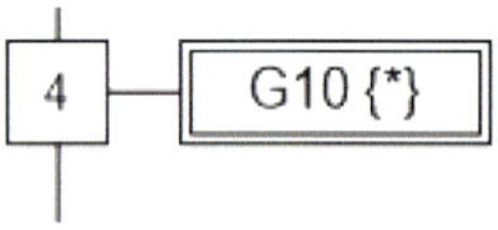

"G10 einfrieren = Unterbrechung"

innerhalb des FBs

Das Einfrieren nur einer Kette in einem FB mit mehreren Ketten ist nur mit viel Aufwand möglich: Eine Variable #einfrieren wird im Step 4 eingeschaltet.

Es müssten dann **alle Transitionen** im G10 mit einer **zusätzlichen UND-Verknüpfung** versehen werden, mit der das Weiterschalten nur möglich wird, wenn **KEIN #einfrieren** anliegt:

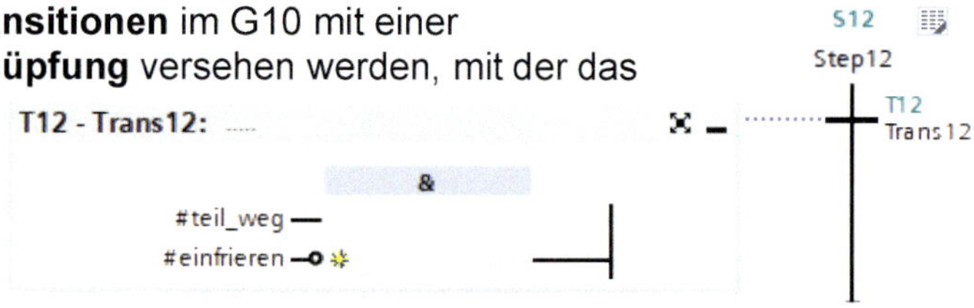

Beispiel für die Daten-Verknüpfung der beiden Funktionsbausteine:
(Es sind keine weiteren I/O eingetragen!)

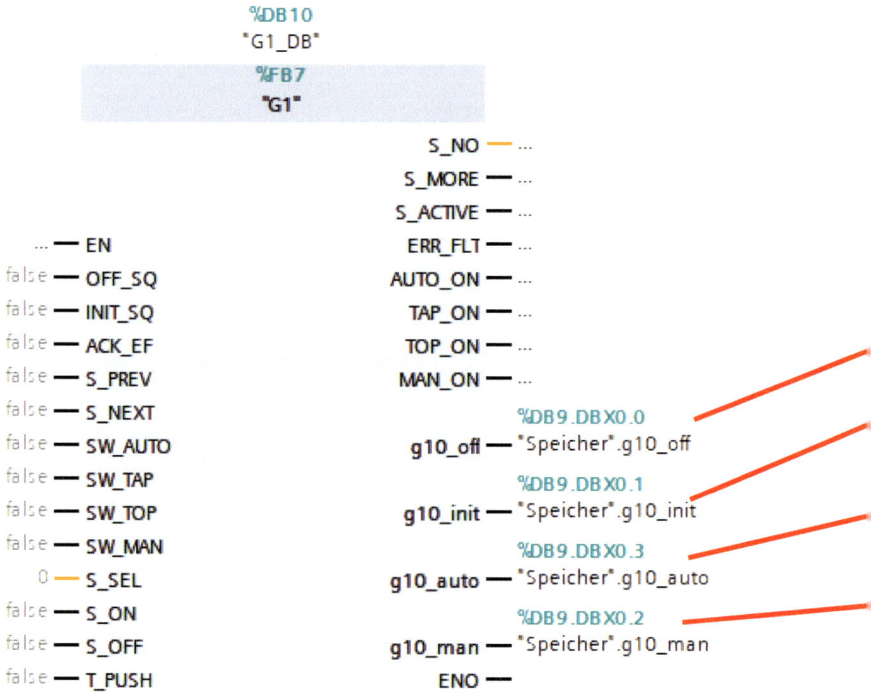

Zwangssteuern: Einfrieren

über die Schnittstelle

In dem FB, der den GRAFCET G1 enthält werden in dem Schritt 4 zwei neue Out-Variablen angesteuert:

- "**g10_man**" um den G10 anzuhalten (Umschalten in den MAN-Betrieb)
- "**g10_auto**" um den G10 wieder frei zu geben (Umschalten in den AUTO-Betrieb)

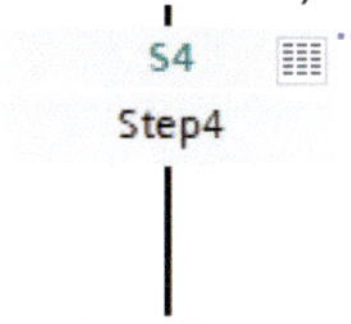

S4 - Step4: ......

Interlock	Ereignis	Kennung	Aktion
	S1	N	#g10_man
	S0	N	#g10_auto

- Mit dem Ereignis "S1" und der Kennung "N" wird ein Impuls beim Aktivieren des Schrittes erzeugt, der über "g10_man" die andere Kette G10 in den Handbetrieb (MAN) umschaltet.
- Mit dem Ereignis "S0" und der Kennung "N" wird ein Impuls beim Deaktivieren des Schrittes erzeugt, der über "g10_auto" die andere Kette G10 wieder in den Automatik-Betrieb (AUTO) umschaltet.

Die Ausgänge "g10_man" und "g10_auto" werden dann mit Hilfe zweier Global-Daten-Variablen (evtl. Temp-Variablen) mit der Input-Variablen "SW_MAN" und "SW_Auto" des G10 verknüpft.

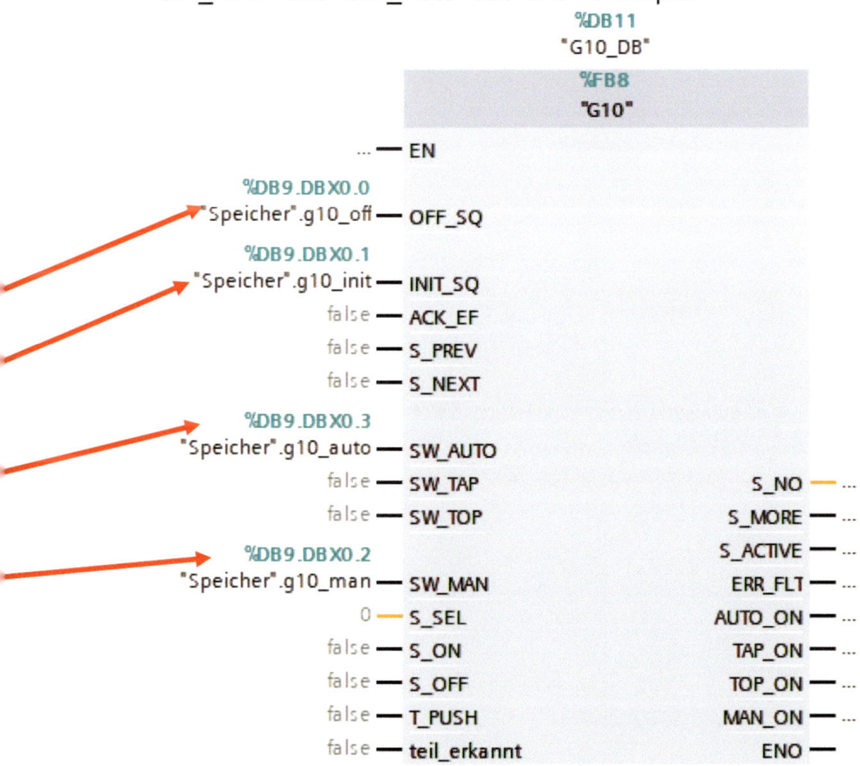

Tipps bei der Umsetzung von Zwangssteuernden Befehlen

Hier das Beispiel einer einfachen Anlage mit Hand- und Automatik-Betrieb.

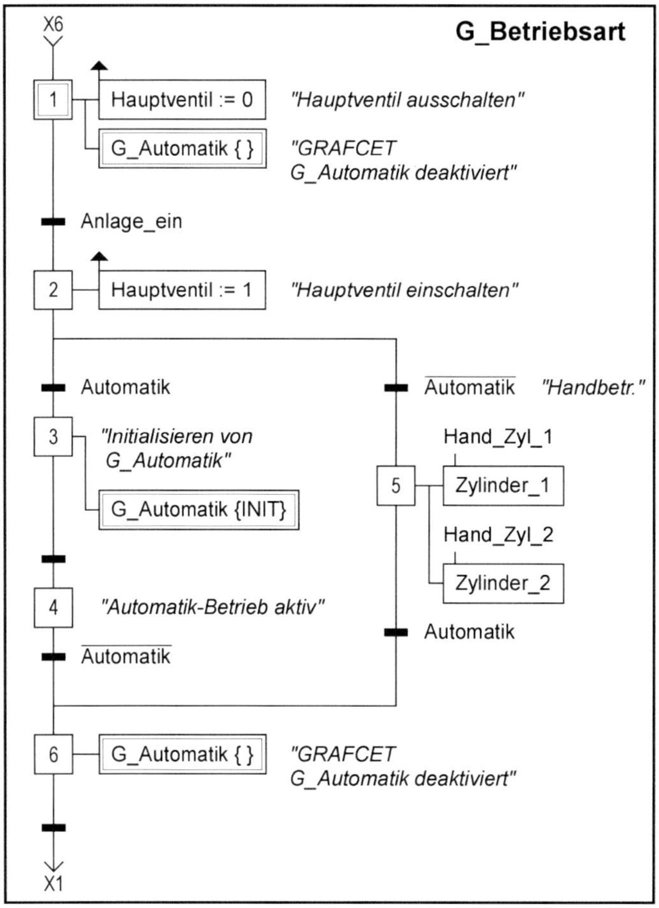

Der 1te GRAFCET beinhaltet die Betriebsart-Umschaltung und den Handbetrieb.

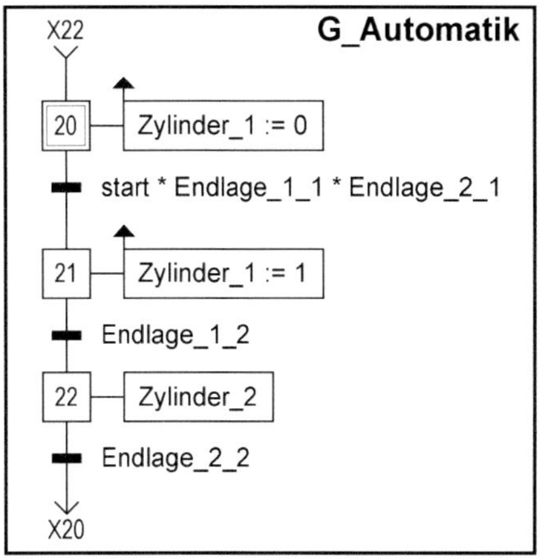

Der 2te GRAFCET beschreibt den Automatik-Betrieb.

Tipps bei der Umsetzung von Zwangssteuernden Befehlen

Wenn in **S7-Graph** die beiden Schrittketten in zwei unterschiedlichen Bausteinen (z.B. FB1 und FB2) programmiert werden, dann gibt es zwei "Stolperfallen" beim Programmieren.

Problem 1: (gibt es auch wenn die beiden Ketten in einem FB sind)
Im Schritt 5 (Handbetrieb) werden beide Zylinder bedingt angesteuert. Zwei Bedingungen (Interlock) lassen sich aber nicht in einem Schritt realisieren.

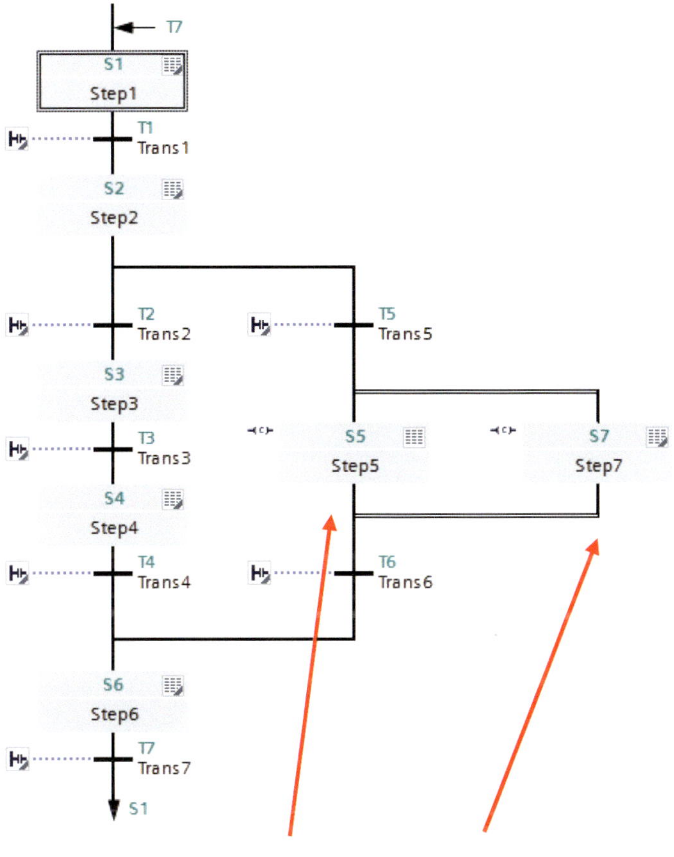

Lösung:
Entsprechend der Anzahl der bedingten Aktionen werden parallele Schritte eingefügt:

In denen kann dann jeweils ein Interlock programmiert werden.

(hier kein GRAFCET, Fortsetzung der Tipps...)

Problem 2: (wenn die Ketten in unterschiedlichen FBs programmiert sind)
Beide Bausteine steuern dieselben Ausgänge (Zylinder_1 und Zylinder_2) an. (**Mehrfachzuweisung**)

Lösung:
Beim Aufruf der beiden FBs werden die Ausgänge an eine Variable in einem Global-DB übergeben. Durch Strukturieren kann dieser sehr übersichtlich gehalten werden.

Global-DB "Output":

Output

	Name	Datentyp	Offset	Startwert
1	▼ Static			
2	▼ hand	Struct	...	
3	zyl_1	Bool	...	false
4	zyl_2	Bool	...	false
5	▼ auto	Struct	...	
6	zyl_1	Bool	...	false
7	zyl_2	Bool	...	false

Die Verschaltung der Ausgänge des FB mit dem GRAFCET "G_Automatik" sehen dann so aus:

%DB12.DBX2.0
zyl_1 — "Output".auto.zyl_1

%DB12.DBX2.1
zyl_2 — "Output".auto.zyl_2

Es ist noch eine zusätzliche Funktion (FC "Ausgaenge_steuern") notwendig, die die Signale für die realen Ausgänge erzeugt.
Als Input können die Strukturen des Global-DB kopiert und eingefügt werden. Die Schnittstelle des FC sieht dann wie folgt aus:

Ausgaenge_steuern

	Name	Datentyp
1	▼ Input	
2	▼ hand	Struct
3	zyl_1	Bool
4	zyl_2	Bool
5	▼ auto	Struct
6	zyl_1	Bool
7	zyl_2	Bool
8	▼ Output	
9	zyl_2	Bool
10	zyl_1	Bool

(Fortsetzung der Lösung des Problems 2)

Die Netzwerke des FC sehen dann wie folgt aus:

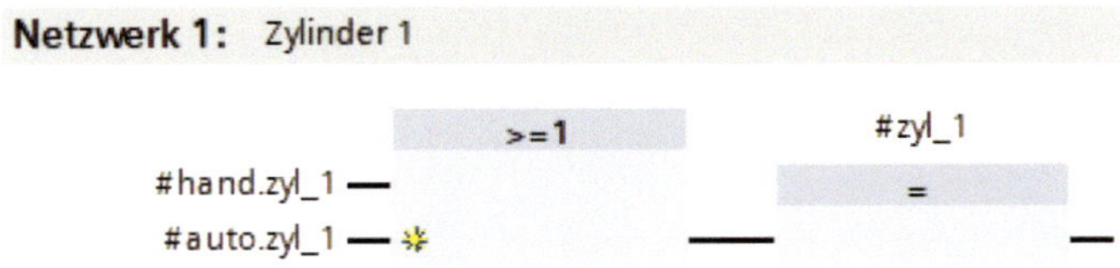

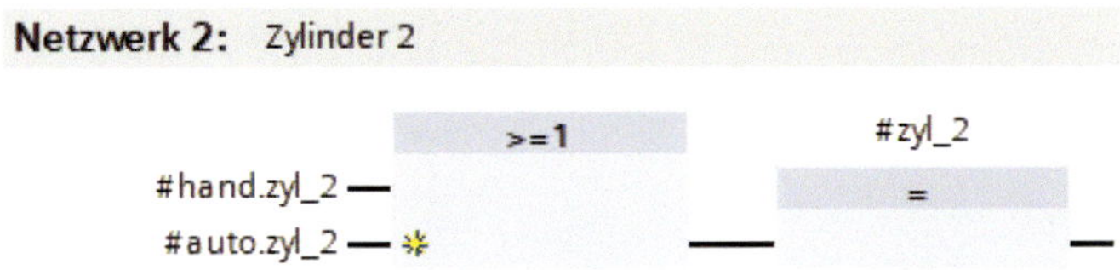

Dieser FC wird dann im OB1 zum Schluss aufgerufen und verschaltet:

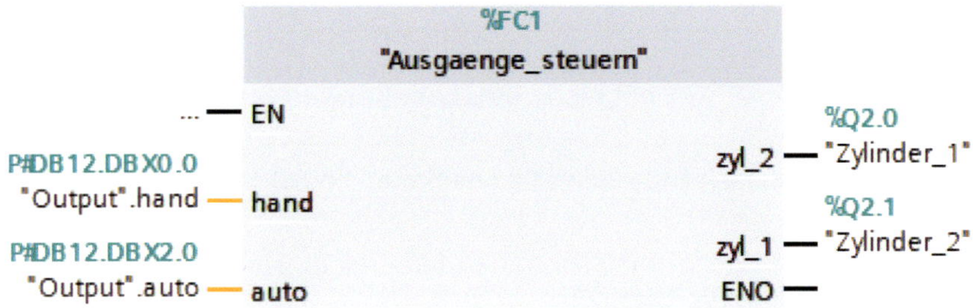

Es werden die Strukturen an die Input-Variablen übergeben, was eine Menge Tipparbeit ersparen kann.

An der absoluten Adresse (P#DB12.DBX0.0) kann man erkennen, dass hier ein Pointer auf die Startadresse im Global-DB übergeben wird. (P#..)

Einschließende Schritte

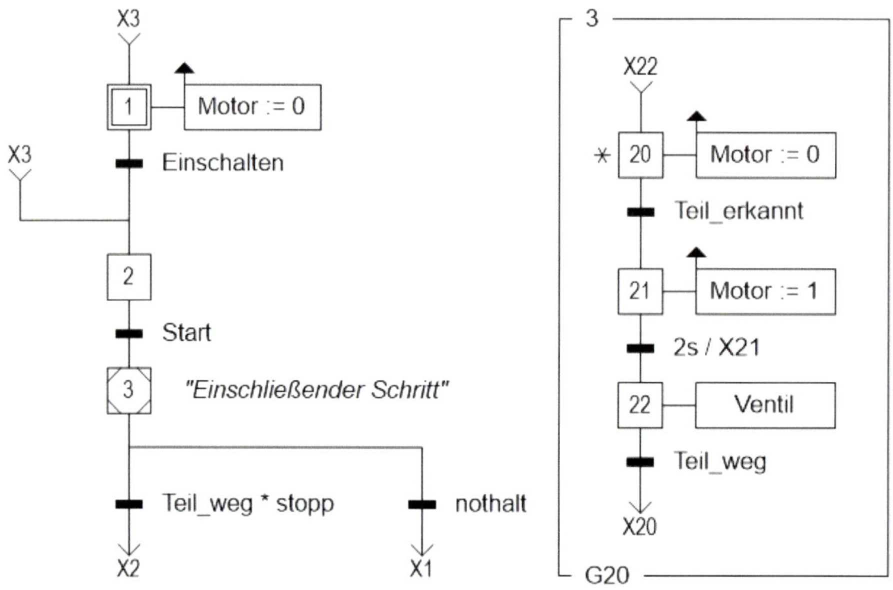

Der linke GRAFCET hat einen **einschließenden Schritt 3** mit folgenden Eigenschaften:

- Der einschließende Schritt 3 beinhaltet die eingeschlossenen Schritte 20-22.
- Beim Aktivieren von Schritt 3 wird der mit einem " * " gekennzeichnete Schritt aktiviert (hier: 20).
- Die eingeschlossenen Schritte sind nur so lange aktiv, wie Schritt 3 aktiv ist.
- Die eingeschlossenen Schritte sind durch einen Rahmen gekennzeichnet. Oben links steht die Nummer des einschließenden Schrittes.

Verschachtelungen sind möglich!

Die eingeschlossenen Schritte (20, 21, 22) können auch in einem 2ten FB programmiert werden (mit Initialschritt!). Dann müssen

- im Initialschritt der übergeordneten Kette (hier #Step1) der 2te FB ausgeschaltet werden. (siehe S. 34) (hier: N | #G3_off)
- beim Starten des einschließenden Schrittes der 2te FB initialisiert werden: (S1 | N | #G3_init)
- beim Beenden des einschließenden Schrittes der 2te FB wieder ausgeschaltet werden: (S0 | N | #G3_off)

Einschließende Schritte

innerhalb des FBs

Die 2te Kette hat **keinen Initialschritt**!

Im einschließenden Schritt (3) wird durch folgende Aktion die 2te Kette gestartet:

S3 - Step3: .....

Interlock	Ereignis	Kennung	Aktion
	S1	ON	#Step20

- "S1" bei Aktivierung des Schrittes
- "ON" Schritt #Step20 aktivieren

Beim Verlassen des Schrittes (Ereignis: S0) müssen alle eingeschlossenen Schritte abgeschaltet (OFF) werden.

Problem: In einem Schritt können maximal so viele Schritte zurückgesetzt werden, wie maximal in dem FB aktiv sein können (ist so…..!)
In unserem Beispiel können maximal 2 Schritte abgeschaltet werden.

Lösung:
Irgendwo im G20 wird mit einer alternativen Verzweigung ein zusätzlicher Schritt (hier Step23) eingefügt. Die Transition zu diesem Schritt ist immer FALSE, er wird im normalen Ablauf nie aktiv. Hinter dem Schritt folgt eine leere Transition (immer TRUE) mit einem **Kettenende**:

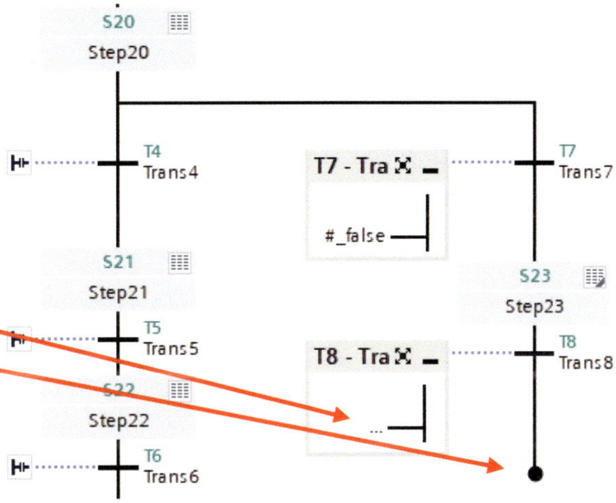

Bei Verlassen des Schrittes werden **alle Schritte abgeschaltet**, indem der zusätzliche Schritt (Step23) aktiviert wird 😊

Der Step3 wird um die entsprechende Aktion ergänzt:

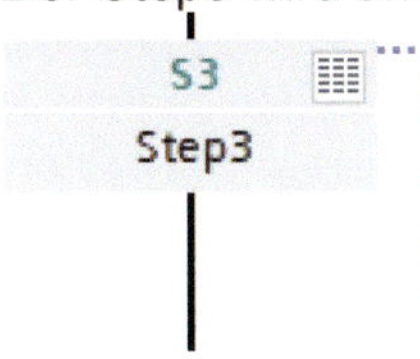

S3 - Step3: einschließender Schritt

Interlock	Ereignis	Kennung	Aktion
	S1	ON	#Step20
	S0	ON	#Step23

über die Schnittstelle

Alternative Möglichkeit mit einem zweitem FB (Kurzform).

Makroschritte

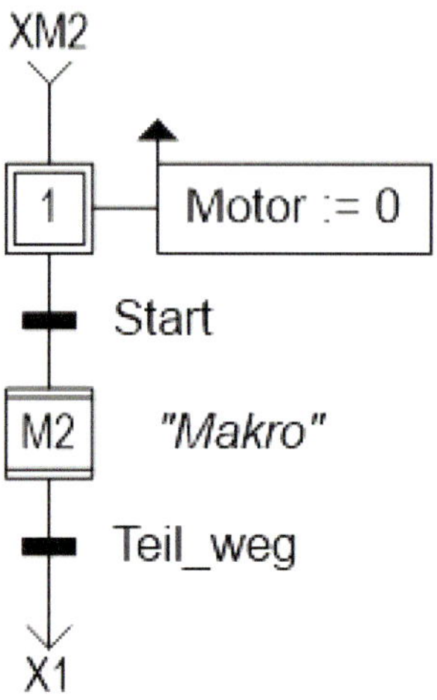

Variable des Makro-Schrittes: "**M**xx"

Kennzeichnung des Makro-Schrittes:
- Oben und unten zusätzliche Querstriche.
- Bezeichnung beginnt mit "M"

Eingangsschritt des Makros, Bezeichnung mit "**E**" und der Nummer des Makros (hier 2).

Ausgangsschritt des Makros, Bezeichnung mit "**S**" und der Nummer des Makros (hier 2).

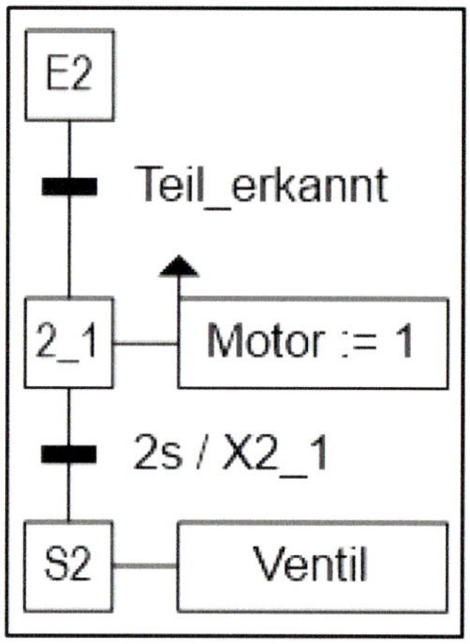

Das Makro muss vollständig durchlaufen werden, bevor das übergeordnete GRAFCET weiterlaufen kann.

Diese Darstellung wird gerne verwendet, um den zusammenhängenden GRAFCET nicht zu groß werden zu lassen. Funktionale Bereiche werden dann zu einem Makro zusammengefasst.

Die Makro-Kette endet mit einem Kettenende. In der Transition davor muss mit einem "0"-Signal (FALSE) jedoch das Weiterschalten verhindert werden. Hier wurde eine Static-Variable #_false, mit dem Anfangswert "FALSE" verwendet.

Makroschritte

innerhalb des FBs

Diese (Makro-)Kette darf **keinen Initialschritt** haben!

Beim Aktivieren (Ereignis: S1) des Makro-Schrittes (#M2) wird der Eingangsschritt (#E2) aktiviert. Die 2te Kette ist gestartet.
Beim Verlassen (Ereignis: S0) des Makro-Schrittes (#M2) wird der Schlussschritt (#S2) deaktiviert.
Die Transition hinter dem Makro-Schritt muss zusätzlich abfragen, ob der Schlussschritt (#S2.X) aktiv ist.

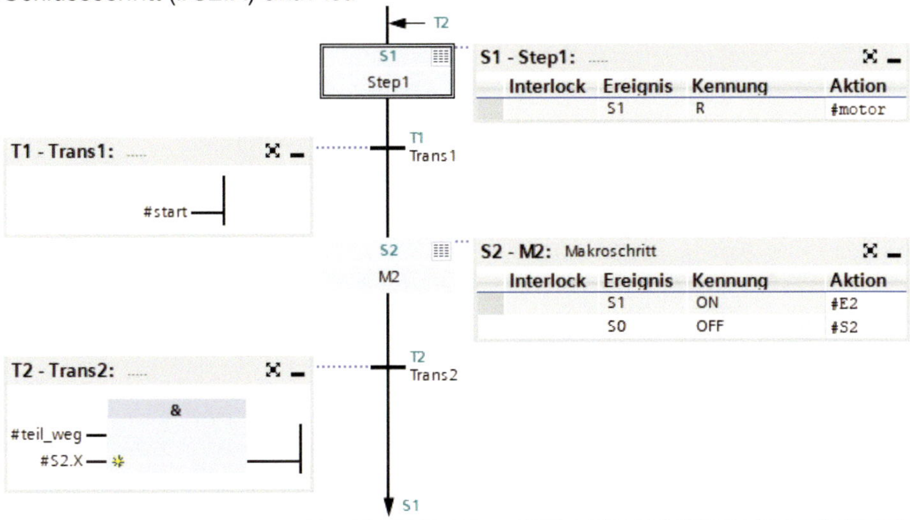

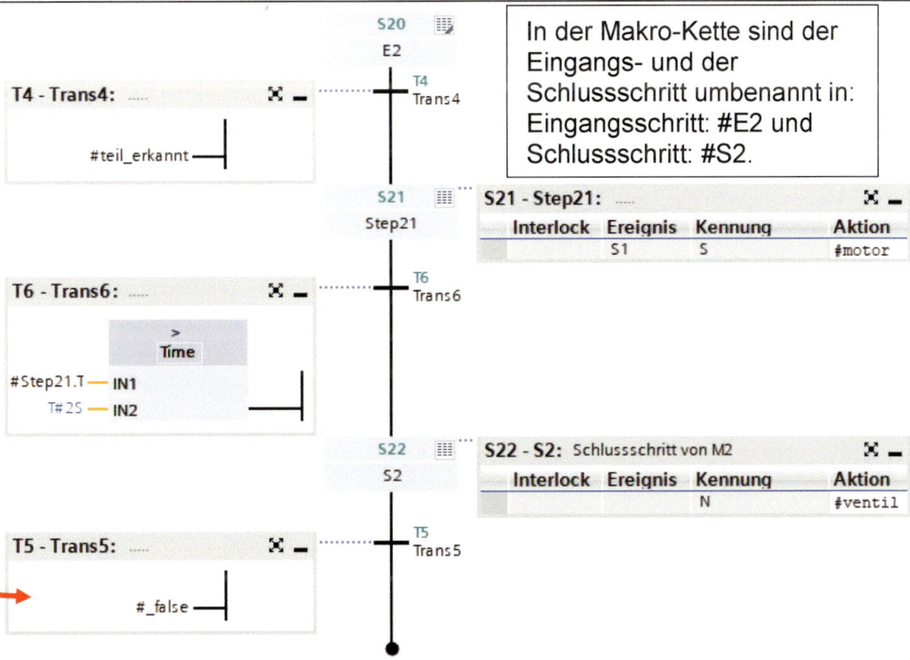

In der Makro-Kette sind der Eingangs- und der Schlussschritt umbenannt in: Eingangsschritt: #E2 und Schlussschritt: #S2.

Spezielle Strukturen von GRAFCETs

Starten mit Quellschritt

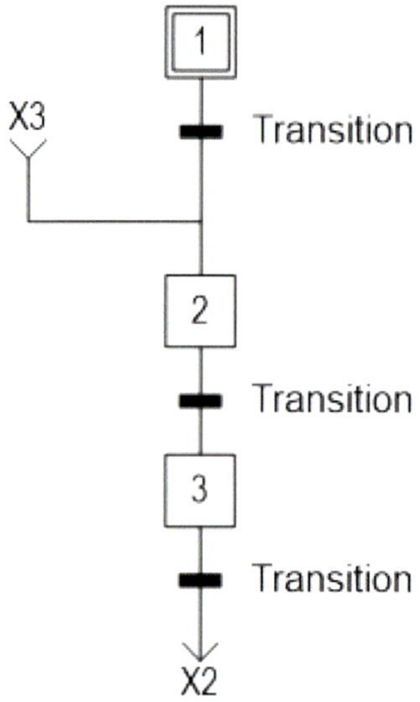

Ein Quellschritt ist ein Anfangsschritt ohne vorherige Transition. Er wird aktiviert durch:

- Initialisieren (er ist der Initialschritt)
- einen anderen GRAFCET (Zwangssteuern)

X1 ist in dem Beispiel:

- ein Quellschritt
- und gleichzeitig der Initialschritt

Starten mit Quelltransition

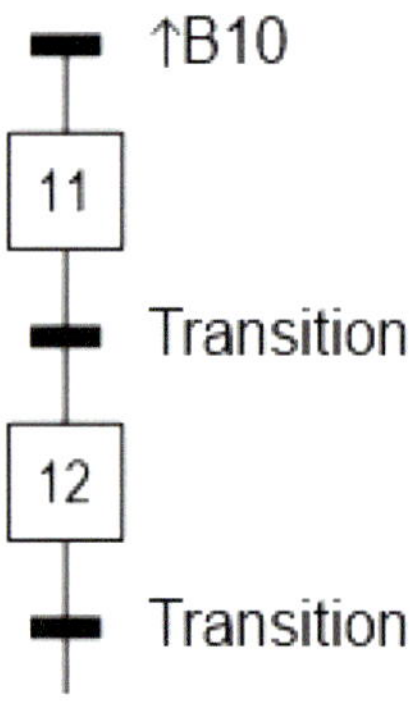

Der GRAFCET wird gestartet durch eine Transition. Empfohlen wird eine flankengesteuerte Transition.

Das hat zur Folge, dass dieser GRAFCET mehrere aktive Schritte haben kann.

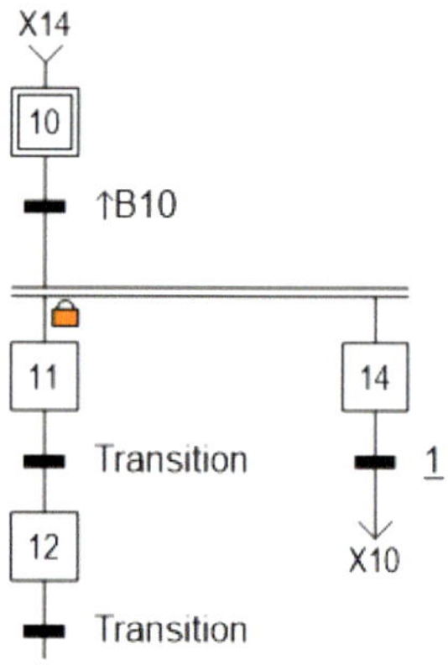

Hier steht eine äquivalente Struktur ➔
Diese kann in S7-GRAPH zwar direkt umgesetzt werden, aber.........

Spezielle Strukturen von S7-GRAPH

Starten mit Quellschritt

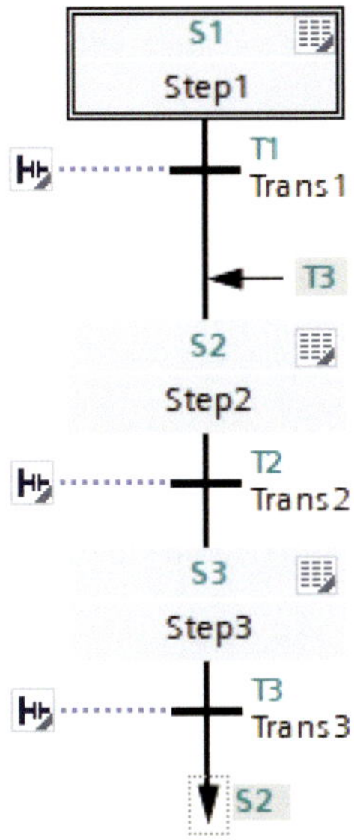

Starten mit Quelltransition

…… die Funktion ist leider nicht gegeben!!

Bei S7-GRAPH können die Ketten nicht mehrfach gestartet werden. Sie sind immer in einem eindeutigen Zustand!

In diesem Beispiel wären nach der Flanke von B10 die Schritte 11 und 14 für einen PLC-Zyklus aktiv. Danach wäre wieder nur der Schritt 10 aktiv.

Beenden mit Schlussschritt

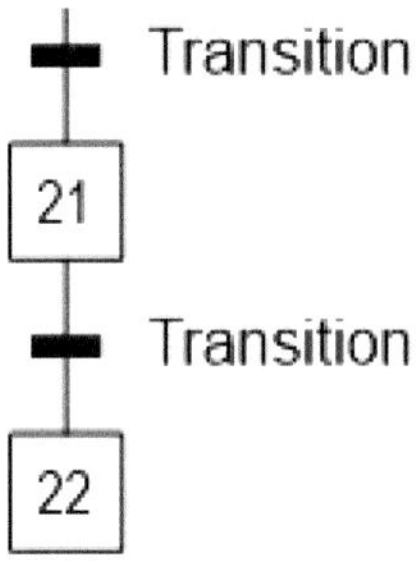

Der Schlussschritt (hier X22)

- hat keine nachfolgende Transition
- bleibt aktiv bis er durch einen zwangssteuernden Befehl deaktiviert wird.

Beenden mit Schlusstransition

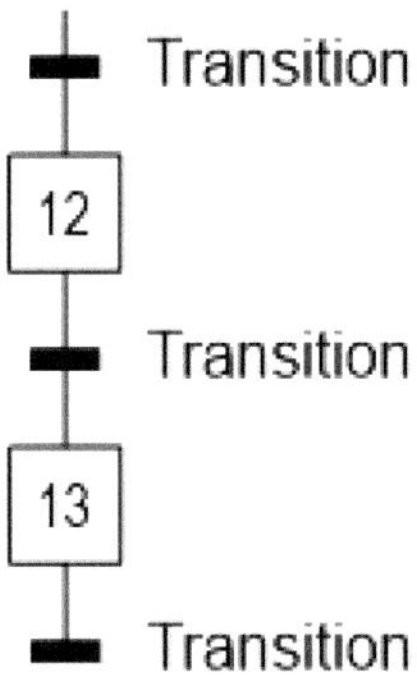

Mit der letzten Transition wird der GRAFCET beendet.

Beenden mit Schlussschritt

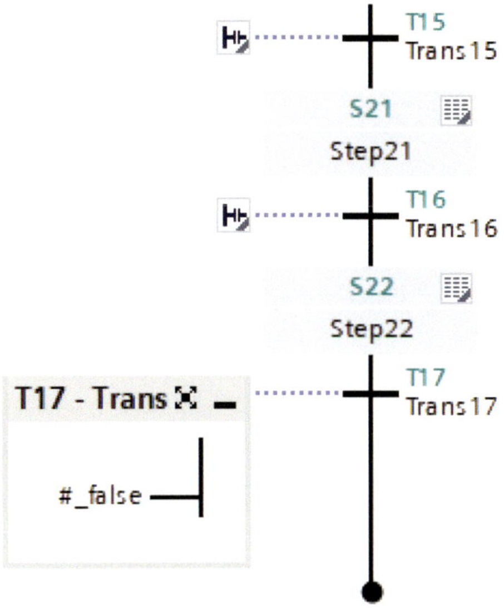

Ein Schritt ohne nachfolgende Transition ist in S7-GRAPH nicht möglich.

Daher kommt hinter dem Schlussschritt eine Transition, die nicht TRUE werden kann.
(hier eine static-Variable mit dem Anfangswert "false")

Dahinter steht dann ein Kettenende.

Beenden mit Schlusstransition

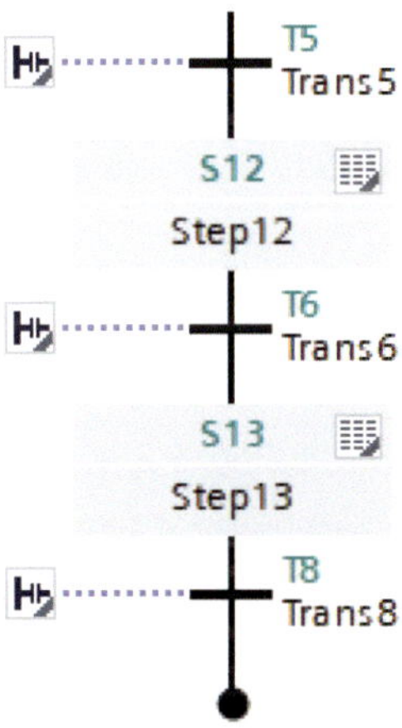

Nach der letzten Transition (T8) folgt ein Kettenende.

Automatisierungstechnik mit dem TIA-Portal

Programmierprojekte für die berufliche Aus- und Weiterbildung

S. Grohmann, D. Papendieck, P. Westphal-Nagel

1. Auflage 11/2020
176 Seiten, DIN A4, zahlr. farb. Abb.
EUR 26,80 (inkl. MwSt.)
ISBN 978-3-96901-010-5

Das TIA-Portal für die SIMATIC Familie ist das Engineering Tool für die etablierten Steuerungen S7-1200 und S7-1500 sowie die älteren Steuerungen S7-300/400. TIA-Portal steht für Totally Integrated Automation Portal und stellt eine einheitliche Arbeitsumgebung für SPS-Steuerungen, Antriebe und Systeme zum Bedienen und Beobachten zur Verfügung. In ihm werden alle Möglichkeiten einer modernen, normgerechten und strukturierten Programmierung nach IEC-61131 zur Verfügung gestellt. Dadurch ist eine Bibliotheksfähigkeit und die damit verbundene Wiederverwendbarkeit der einmal geschriebenen Programme gegeben.

Es stehen unterschiedliche Programmiersprachen zur Verfügung. Mittels der Funktionsbausteinsprache FUP lassen sich kombinatorische und gut wartbare Bausteine, mit dem hochsprachenähnlichen SCL komplexe Algorithmen und mathematische Funktionen und mit GRAPH Ablaufsteuerungen programmieren.

Alle Automatisierungsprojekte sind strukturiert angelegt. Die einzelnen Kapitel führen den Lernenden bei seiner Programmierarbeit anhand von Beschreibungen und Screenshots durch die Fachthematik. Der Umgang mit dem TIA-Portal wird dabei ebenso unterstützt wie das konsequente Anwenden von IEC-61131-konformen S7-Programmelementen. Für die Programmvisualisierung steht jeweils eine virtuelle Anlage mit Simulationsbaustein und einer WinCC-Advanced-Runtime zur Verfügung.

Automatisierungstechnik mit Simatic S7

Programmierprojekte für die berufliche Aus- und Weiterbildung

S. Grohmann, D. Papendieck, P. Westphal-Nagel

5., überarb. und akt. Auflage 2017
160 Seiten, DIN A4, zahlr. farb. Abb.
EUR 24,80 (inkl. MwSt.)
ISBN 978-3-943403-95-4

In der Automatisierungstechnik ist nach dem Hard- und Softwarewechsel von Simatic S5 auf Simatic S7 die Umstrukturierung zum normgemäßen Programmieren nach IEC-61131 weltweit im vollen Gange. Neu erstellt werden strukturierte Programme mit bibliotheksfähigen Funktionsbausteinen. Die Verwendung von Symbolnamen und lokalen Variablen wird dabei ebenso konsequent genutzt, wie der Gebrauch der IEC-Timer und der IEC-Counter. Mit der Neuordnung in der beruflichen Aus- und Weiterbildung ist angesagt, die vorgesehenen lernfeld-orientierten Lerninhalte an ganzheitlichen Projekten in kleinen Lernteams oder zunehmend selbständig zu erarbeiten.

Drei unterschiedliche - auf einander aufbauende - Programmierprojekte stehen in diesem Arbeitsheft zur Verfügung, um die fachliche Vielfalt der Automatisierungstechnik mit Simatic S7 zu erarbeiten.

Alle Automatisierungsprojekte sind strukturiert angelegt. Die einzelnen Kapitel führen den Lernenden bei seiner Programmierarbeit anhand von Beschreibungen und Screenshots durch die Fachthematik. Der Umgang mit der S7-Software wird dabei ebenso unterstützt wie das konsequente Anwenden von IEC-61131-konformen S7-Programmelementen. Ein abschließendes Projekt »Kombischütten-Steuerung« bietet die Möglichkeit zur Überprüfung der erlernten grundlegenden Programmierkenntnisse. Für die Programmvisualisierung steht jeweils ein virtuelles Modell mit WinCC flexible und ProTool Pro zur Verfügung.